풍화작용과 지형

풍화작용과 지형

권순식

한국학술정보㈜

물과 물로 나뉘라 하시고

God said, …… let it divide the waters from the waters

풍화 작용(風化作用)은 지표에 존재하는 암석과 광물성분이 물리, 화학 및 생물적 작용에 의한 변질로서 새로운 환경조건에 반응하는 현상으로 정의할 수 있다. 일반적으로 암석들은 근본적으로 물과 공기가 없는 환경에서 고온과 높은 압력에서 생성되었고 그 후 대기에 노출되어 저온과 낮은 압력의 새로운 환경에서 평형을 찾기 위해 진행하는 과정이 풍화 작용이다. 풍화 작용은 지형발달의 출발점으로 중요하고, 기본적으로 지형형성 작용에 속한다. 그리고 암석을 여러 가지 방법으로 파괴하면서 침식과 사면이동을 돕고 있다. 지형발달의 입장에서 침식과 사면이동 없는 풍화 작용은 생각할 수 없다. 여기에서 풍화 작용은 지표를 직접 낮추는 역할을 하지 않지만 삭평형 작용(削平衡作用)에 포함된다.

본서는 풍화 작용의 원리가 무엇인지를 파악하고 이해하는 데 힘썼다. 동시에 풍화 작용의 결과와 풍화에 의해 형성되는 지형은 어떤 것인가를 구명하고자 하였다.

또한 지리학을 공부하는 학부생과 지형학에 관심을 갖는 일반인들에게 알맞은 개론서 수준으로 작성하였다. 책에 실린 그림들은 지리적인 내용을 전달하는 데 효과적이라 생각여 첨부하였다.

풍화 작용의 연구는 무척 까다로운 논제이다. 그 이유는 풍화 연구 주제의 복합적인 성격과 다양한 인자들 그리고 기초적인 화학적, 물리적

지식이 요구되기 때문이다. 필자의 부족한 자료정리의 한계로 독자에게 개념과 설명이 제대로 전달이 될지 의문이다. 필자의 문맥이 매끄럽지 못하고 자료의 미비와 특히 연구의 부진 때문에 소기의 뜻이 충분히 전달되지 못한 점을 양해 바란다. 기회가 닿는 대로 보완할 것을 약속한다.

2009년 1월
청주대학교 지리교육과 교수
권순식

|차례|

서 론

1. **풍화 작용**(風化作用, weathering)이란 지표면 가까이, 또는 지표면에 노출된 암석이 제자리(*in situ, in place*)에서 물리적으로 붕괴되거나 화학적으로 분해되는 모든 과정을 전반적으로 표현하는 용어이다. 여기에는 두 가지의 형태가 있는데, 물리적 풍화 작용(physical weathering)과 화학적 풍화 작용(chemical weathering) 이 그것이다. 물리적 풍화 작용은 일차적으로 암석의 성층면이나 광물 내부에 수분의 침투로 인한 얼음(ice)의 성장이나 염정(鹽晶, salt crystal)으로 쪼개지거나 끊어지는 경우이다. 화학적 풍화 작용은 암석의 광물이 변형되는 과정으로서 암석이 원래 형성될 때 안정했던 광물이 새로운 환경, 즉 현재의 지표면 온도와 압력에 의해 조절되는 형태이다. 즉, 광물성분이 부드럽고 용해되기 쉬운 형태로 바뀌는 과정이다. 여기에는 풍화층(風化層, regolith)이 형성되는데, 이것은 단단하고 변형되지 않은 기반암 위에 화학적으로 풍화된 암석 입자들로 형성된 지표면층이다. 암석의 풍화 작용은 다양하고도 특징적인 수많은 지형을 형성할 뿐 아니라 기본적인 지형형성 작용에 속하며 지형발달에 큰 영향을 미치고 있다.

풍화 산물인 토양이나 풍화층은 지형적, 지질적인 면뿐 아니라 토양생성, 공학적, 경제적으로도 중요한 의미가 있다. 암석의 풍화 현상은 사면이동과 침식의 사전단계로서 고려 대상이며, 지표면의 전반적인 저하인자로서 또한 새로운 지형의 형성과 변화 및 풍화층과 토양의 형성 및 산림학적 측면에서도 중요한 의미를 갖는다.

 2. **풍화 현상**이란 지표면에 출현한 암석 물질이 새로운 조건에 적용하기 위해 물리적, 화학적으로 붕괴되거나 변질되어 평형(平衡, equilibrium)을 이룬 풍화 산물(風化産物, waste‒products)을 만드는 과정이다. 대부분의 암석들은 본래 높은 온도와 높은 압력 그리고 공기와 수분이 없는 상태에서 형성되었고 대부분의 풍화 작용은 실제로 낮은 온도와 낮은 압력 그리고 공기와 수분과의 접촉에 대한 반응 과정이다.

 풍화에 대한 정의를 내린 Reiche(1950)의 견해[1]를 보면, '풍화 작용이란 암석권(lithosphere) 내에서 안정된 물질이 대기권, 수권 및 생물권과의 접촉에 따른 반응이다.'라고 설명한 바 있다. Ollier(1969)에 의하면, '풍화 작용은 지표 가까이 있는 물질의 분해와 변질이며 새롭게 부과된 물리, 화학적 조건에 의해 생성물질을 만드는 과정이다.'라고 하였다. 또한 풍화 작용은 시간 의존성이므로 암석의 풍화에 대한 시간의 척도를 도입할 필요가 있다. 동시에 그림 1은 여러 요인과 상호관련성을 표현한다.

 여기에서 생물권 내 생물적 풍화 작용은 화학적, 물리적 효과를 동시에 수반하기 때문에 본질적으로 차이가 없다고 판단된다. 단순한 설명으로는 '괴상의(massive) 암석이 쇄설성(clastic) 상태로의 변화'라고도 지적하고 있다(Polynov, 1937). 풍화 작용과 반대현상으로 속성작용(續成作用, diagenesis)이 있다. 이것은 새로운 광물의 형성으로 퇴적물의 변질퇴적 현상이 일어나게 되는데 퇴적물질이 두껍게 쌓여서 매몰되면 압력이 증대되고 광물성분은 치밀화되며 수분과 공기는 축출된다.

---

1) '<u>Weathering</u> is the response of materials which were in equilibrium within the lithosphere to conditions at or near its contact with the atmosphere, the hydrosphere, and perhaps still more importantly, the biosphere'

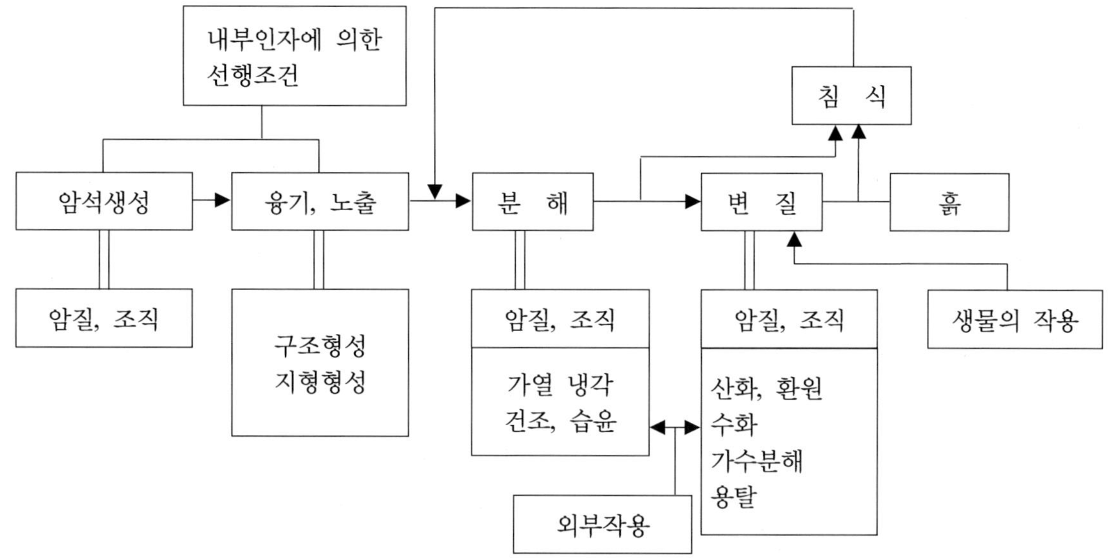

그림 1. 암석의 풍화 작용

풍화 작용은 지형형성 작용의 하나이다.

그러나 속성작용은 퇴적 환경에 국한되어 있다. 지질학자들이 풍화 현상에 관하여 많은 관심을 갖는 이유는 어디까지나 풍화 작용이 암석의 순환(rock cycle)의 필수적인 부분이기 때문이다. 토양의 모재인 풍화 암석은 더욱 작은 물질로 쪼개져서 구성광물들이 용해되며 쉽게 제거된다. 풍화 물질의 제거를 침식(浸蝕, erosion)이라 한다. 풍화 작용과 침식을 합쳐 삭박(削剝, denudation)[2]이라고 한다.

중력과 유수, 바람, 빙하는 풍화 물질을 결국 낮은 곳으로 운반하여(결국은 바다까지) 퇴적물로 쌓아 놓아 퇴적암을 형성한다. 지각변동은 퇴적암을 해면 위로 융기시켜 순환이 다시 시작된다. 풍화 작용의 진행은 대단히 느리기 때문에 지질학적 시간 스케일이 요구된다.

---

2) 삭박의 사전적 풀이는 다음과 같다(Monkhouse and J Small, 1970)
   <u>denudation</u>; The operation of all natural agencies by which the Earth's surface undergoes destruction, wastage and loss through WEATHERING, MASS‑MOVEMENT, EROSION and TRANSPORT. Sometimes <u>denudation</u> is used syn. with erosion, but the latter excludes weathering.

3. **풍화 작용에 영향을 주는 인자**(factors)들로는 암석, 사면, 기후 및 시간을 들 수 있다. 암석을 구성하는 광물은 암석분해를 촉진한다. 석영(石英, quartz)은 규산염 광물 중에서 가장 흔한데 풍화 작용에 대한 저항력이 광물 가운데서 가장 크며, 석영이 풍부한 화강암질 암석의 화학적 분해과정은 상당한 기간이 소요된다. 화강암으로 된 구릉지와 산지들은 주변의 무른 암석들보다 높게 관찰된다. 이것은 구성광물과 지표형태와의 관련성에 있어서 풍화 작용의 진행비율의 차이의 결과이다. 그러나 풍화 작용의 진행비율은 광물성분뿐 아니라 암석구조에 따라 영향을 받는다. 암석이 전적으로 석영으로 구성된 사암이나 규암 등이라도 절리가 촘촘하거나 벌어져 있으면 쉽게 붕괴된다. 특히 얼음의 쐐기 작용(frost wedging)일 때는 현저히 나타난다(그림 3).

화성암이나 퇴적암은 규산염광물들로 이루어져 있으며 특히 퇴적암의 경우 연속적으로 배열된 지층 사이의 성층면(bedding-planes)에 수분이 침투하여 화학적 풍화가 쉽게 이루어진다. 화성암과 변성암이 풍화 작용을 받아 붕괴될 때 떨어져 나오는 모래 중에서 석영은 다른 광물들이 모두 붕괴된 후에도 여전히 모래알로 남는다. 해안사구 중에는 석영모래가 많이 포함되어 있다. 풍화에 대한 암석의 내구성은 기후조건과 구성광물, 공기 중 노출 정도에 따라 다르다. 단단한 건물들도 수 세기 내에 쉽게 변형된다(**그림 2**). 사면(slope)상에서 광물입자가 분해상태에 있으면 비온 뒤에는 곧장 씻겨 내려간다. 급경사에서 풍화 산물이 고체 상태면 이동은 급속하고 바로 신선한 기반암이 노출되어 풍화 작용을 받는다. 이때 풍화된 암석은 그 두께가 얇으며 반대로 완사면에서는 풍화 산물이 즉각 제거되지 않으므로 풍화층이 50m 이상으로 두꺼운 곳이 나타난다. 사면은 매스무브먼트(mass movement)가 활발하여 풍화 산물이 제거되면 새로운 기반암이 드러나 풍화가 바로 시작된다. 풍부한 수분과 가열상태가 화학적 풍화 작용을 촉진하기 때문에 건조하고 한랭한 기후보다는 덥고 습윤한 기후조건에서 풍화 작용은 지하 깊이까지 진행된다. 고산 지역과 한랭한 고위도 지역에서는 얼음쐐기 작용이 탁월하여 동결파쇄된 암설들이 지표면 널리 관찰된다. 결빙과 융해의 반복이 활발한 기후 지역은 기반암에서 분리된 암괴와 암설들이 완만한 사면을 넓게 덮고 있기 때문에 암괴원(岩塊原, block field)을 쉽게 관찰할 수 있다.

그림 2. 석회암의 풍화

17세기의 건물기둥이 풍화된 모습. 암석표면이 벗겨지고 있으며, 특히 모서리 부분이 심하다. 300년 동안 최대 1㎝이상의 두께로 풍화되었다.

그림 3. 얼음쐐기(frost wedging)로 쪼개진 암괴

　특히 석회암이나 대리석은 주로 방해석으로 이루어져 있기 때문에 빗물이나 탄산에 쉽게 용해되어 습윤기후에서는 분해 정도가 빠르다. 비가 적은 건조기후에서는 탄산의 접촉이 드물어 석회암이 풍화되지 않아 고지로 남아 있다.

　고대건축물이나 기념물의 머릿돌을 연구한 것을 보면 수천 년 동안 3-4mm의 두께로 변질된 것을 관찰할 수 있다. 유적 발굴지나 채굴현장에서 볼 수 있는 100m 깊이의 풍화층은 수백만 년 전에 형성된 것으로 알려져 있는데, 이러한 하나의 풍화 구역(weatherong zone)이 형성된 기간을 측정하기 위해서는 방사선연대(radiometric data) 측정이 필요하다.

　4. **풍화층**(regolith)은 도로의 절개지와 발굴현장에서 쉽게 관찰된다. 노출된 암석은 절리와 깨진 틈서리, 벌어진 곳 등이 미세하게 변화되지만 결국은 물리적, 화

학적 작용 또는 용해되어 푸석푸석하게 되어 변질된다. **그림 4**는 신선하고 변질되지 않은 밑부분의 기반암(1)과 위쪽으로 점진적으로 이행되는 층(2)으로 변질되었으나 암석의 원래구조인 조직, 구조를 유지한 층(3)으로 구성된다. 이러한 풍화층은 제자리에 존재하는 것으로 잔적물(residue)로 간주된다.

그림 4. 풍화층(regolith)과 토양단면
기반암에서 풍화층, 토양층(A, B, C층)으로의 단계적 변화

5. **지각**(earth's crust)은 95%가 화성암, 5%가 퇴적암과 변성암으로 구성되어 있다. 그러나 육지표면에 분포되어 있는 암석의 75%는 퇴적암(변성퇴적암 포함)이다. 지표에 퇴적암이 많은 것은 화성암 또는 변성암으로부터 생산되는 풍화 산물이 지각의 표면에 쌓여 퇴적암을 만들기 때문이다.

지표면의 대표적인 암석으로는 셰일, 사암, 화강암 그리고 석회암 등이다. 지표면에서 풍화 작용에 노출되는 광물종류의 개략적인 비율은 표 1과 같다.

표 1. 지표상의 광물종류(%)

장석(Feldspar)	30
석영(Quartz)	28
점토광물과 운모(Clay minerals and mica)	18
방해석과 돌로마이트(Calcite and dolomite)	9
철산화물(Iron oxides)	4
휘석, 각섬석 pyroxene, amphibole	1
기 타	10

중량(weight basis)으로 본다면 지각에서 가장 풍부한 8가지 원소들이 최소한 1% 이상을 차지한다. **표 2**는 지각의 주요 원소이다. 비율의 절반에 가까운 산소와 규소가 가장 많고, 특히 체적 면(volume basis)에서는 산소가 압도적으로 많다. 따라서 암석권은 산소권(oxysphere)이라 할 수 있으며, 산소음이온(oxygen anions)과 규소 및 금속양이온(metal cations)으로 구성되어 있다.

표 2. 지각의 주요 원소

원 소	화 학 기 호	중 량 비(%)	체 적 비(%)
산 소	O	46.60	91.97
규 소	Si	27.72	0.80
알 루 미 늄	Al	8.13	0.77
철	Fe	5.00	0.68
칼 슘	Ca	3.63	1.48
나 트 륨	Na	2.83	1.60
칼 륨	K	2.59	2.14
마 그 네 슘	Mg	2.09	0.56
티 타 늄	Ti	0.44	0.03

6. **풍화 작용의 경로**(the course of weathering)는 **그림** 5와 같다. 암석은 화학적으로 변질되고 구성 성분은 그대로 남아 있으며(saprolite) 잔적물은 용해되어 바다로 운반된다. 석영은 풍화에 대한 저항이 크므로 변질되지 않고 다른 광물들은 변질되어 점토로 된 후 풍화층에 그대로 존재해 있다. 암석의 일부분은 용해되어 소실되거나 침전되어 결핵체(nodule)가 된다. 호소환경에서 침전되어 새로이 형성된 황산염, 염화물, 증발암(evaporite) 및 점토광물은 결국 침식, 운반작용을 받게 된다. 일반적으로 풍화 작용으로부터 지표지형이 형성된다고 말하지만 운반작용과 침식작용 역시 지표지형을 형성하는 데 중요한 요소가 된다. 침식 및 운반작용 없이는 풍화 작용도 없다고 생각된다.

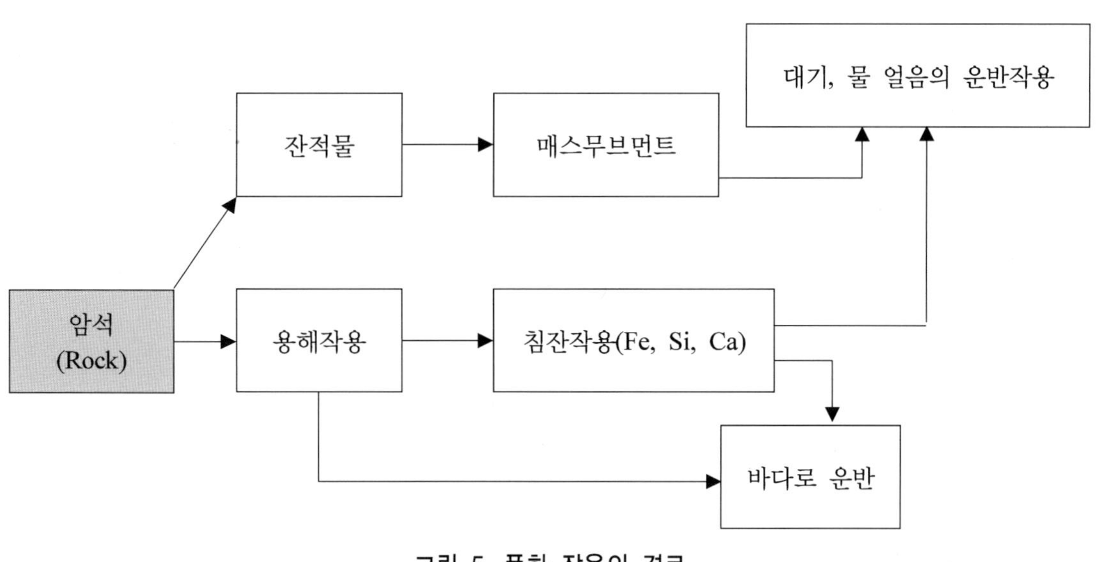

그림 5. 풍화 작용의 경로

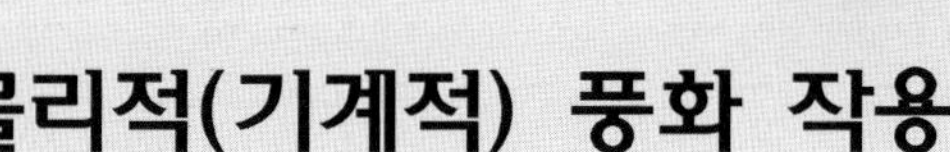

물리적(기계적) 풍화 작용

　물리적 풍화 작용(physical weathering)은 다양한 원인에 의하여 기계적(mechanical) 으로 물질이 파쇄되는 현상이다(**그림** 6). 이것은 암석 내부에서 기원할 수도 있고 외부의 요인에 의해서 발생할 수도 있다. 물리적인 힘이 암석물질을 보다 작은 덩 어리로 쪼개내고 있지만 암석 원래의 물질, 즉 모질물(母質物, parent material)의 화학적 구성은 그대로 유지하고 있는 상태이다. 즉, 풍화된 물질의 화학적 변화는 전혀 포함되지 않고 기반암의 쪼개진 물질로만 구성된다는 점이다. 화강암을 예로 본다면 암석이 작은 조각으로 부서지거나 암석 내부의 결합력이 이완됨으로 인하 여 광물입자 하나하나가 분리되는 입상붕괴(粒狀崩壞, granular disintegration)[3]가 일어난다(**그림** 7).

---

3) 결정질 암석이 풍화를 받으면 장석광물은 화학적 풍화로 인해 점토로 변하지만 석영은 모래알 크기의 원형대로 기반암에서 분리된다.

입상붕괴(암석입자가 분리) Granular disintegration

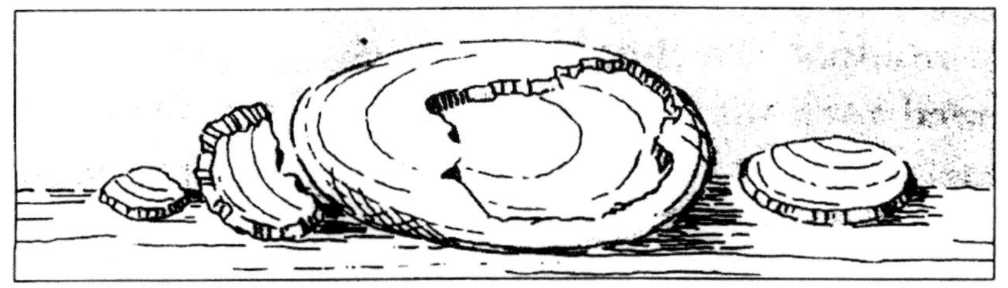

박리작용(양파껍질처럼 벗겨진다) Exfoliation

암괴의 분리(절리면을 따라 떨어진다) Block seperation

파쇄작용 Shattering

그림 6. 암석의 물리적 풍화 작용

그림 7. 입상붕괴(granular disintegration)
석영과 장석광물이 기반암에서 분리되고 있다.

물리적인 작용은 다음과 같이 5가지로 구분된다.

1. 압력의 감소

지표면과 평행한 판상절리(板狀節理, sheeting joint)는 암석이 지표에 노출될 때 잘 발달하는데, 이는 높은 압력에서 형성된 암석이 압력이 제거(pressure release)됨으로써 나타나는 현상이다(壓力開放, unloading).

지표면의 대기압은 지하나 바다 밑보다는 훨씬 작다. 지반이 융기하거나 빙하작용에 의한 침식이 진행되면 그 위에 수백, 수천 미터의 암석이 제거되므로 노출된 암석은 막대한 하중(荷重, load)에서 개방되어 팽창한다. 절리(節理, joint)는 지반

운동으로 인해 구조적으로 발생하거나, 암체의 상승으로 지표면 가까이의 하중(荷重, loading)이 제거됨으로써 판상절리의 수직절리가 발달되는데 이것은 물리적 풍화 작용의 결과이다. 다음 장에서 설명하게 될 화학적 풍화 작용 중에서 절리조직에 의한 수분침투를 용이하게 하여 기반암 블록의 모서리만 남게 하여 구상풍화 작용을 유도한다.

　지하에서 돔(dome) 형태로 암괴가 노출될 때는 동심원상의 곡선절리로 관찰된다. 둥근 형태의 돌산(石山)에서 양파껍질처럼 암편이 분리되면 박리돔(exfoliation dome)이 형성된다. Matthews(1930)는 미국의 요세미티(Yosemite) 계곡의 박리돔을 조사하였는데(**그림** 8), 그 결과 박리현상이 대단히 느리게 진행되었음을 밝혀냈다. 실제로 화강암 돔지형은 대단히 오래된 것이다.

그림 8. 박리돔(exfoliation dome)
덩어리로 된 화강암체로 U자 빙하곡 상부에서 관찰된다. 상부의 암석이 제거되면서 압력이
감소하면 암석이 팽창하고 절리가 발달한다.

판상절리는 지면 아래 수십 미터에서는 발달하지 않는다. 따라서 팽창하지도 않는다. 지하 깊은 곳의 갱도나 채석장에서는 암석폭발(rock bursting) 현상이 있는데, 이는 지하 1,000m 깊이의 지하광산이나 채석갱도의 암벽이 튀어나오는 것으로 괴상의 암석인 석영섬록암, 대리암, 편마암 등에서 발생한다. 암석 중에 피압 상태의 에너지가 방출되는 형식으로 압력환경에 적응할 수 있도록 하는 조치가 필요하다.

2. 결빙작용

결빙작용(結氷作用, frost action)은 암석 내부의 절리와 틈서리 또는 깨진 부위를 따라 수분이 짐투하여 결빙과 융해를 반복하는 과성에서 발생한다. 물이 암석 내부에서 간힌 채 동결할 때 동결에 의한 팽창은 암석에 막대한 압력을 가한다. 대기의 정상적인 압력에서 물이 얼 때는 6각형의 물 분자가 단단히 결정되면서 체적은 9% 증가한다. 피압(被壓, confined)된 물의 압력 증가는 -22°C에서는 1ft^2당 약 2,100톤에 달한다.[4] 이러한 풍화 작용을 결빙풍화(frost weathering)라고 하며 강력한 결빙과 융해의 교차 빈도가 많고 수분이 충분한 기후 지역[5]에서 가능하다. 따라서 암석들이 파쇄되어 암편(岩片, rock slab)이나 암괴들이 암괴원(block field)과 애추(崖錐, talus)를 형성하여 완경사의 사면을 넓게 덮는다(**그림 9**). 얼음쐐기 작용은 결빙작용에 특히 효과적인데(**그림 10**), 빙정(氷晶, ice crystal)으로 변화하면서 암석틈의 양쪽 벽에 압력을 가한다. 이러한 현상은 결빙과 융해가 활발히 반복할 때 진행된다. 한랭한 기후 지역에서 겨울에 얼음이 토양층 중에 상주(霜柱,

---

4) 일반적으로 토양 중의 물이나 지표면에 고인 물은 0°C에서 동결하여 피압되어 있지 않으므로 9%만큼 자유롭게 팽창한다. 암석의 틈에서 채워진 물이 얼면 표층에서 먼저 얼고 그 아래의 물에 압력을 가한다. 결빙**파쇄 작용**(frost shattering)이라고도 한다.
5) 기후가 매우 한랭한 지역은 동결과 융해가 자주 반복되어 특수한 지형을 형성하는데 이를 **주빙하 기후**(周氷河氣候, periglacial climate)에 의한 **주빙하 지형**(周氷河地形, periglacial landforms)이라고 한다. 빙하와 관계가 없는 고위도 및 고산 지역에서 광범위하게 분포한다.

needle ice)로 관찰되는데 이때는 토양층을 들어 올리면서 동시에 주변을 건조화시키면서 단단해진다.

열대 지역과 물이 연중 결빙된 한대 지방에서 결빙작용은 크게 의미가 없다.

결빙상승(frost heaving)은 퇴적층이나 토양체가 동결할 때 유리파편 같은 서릿발이 무수히 성장하면서 팽창하여 위쪽으로 들어 올리는 것을 말하고 융해되면 토양체가 수축하면서 내려앉는다. 토양체 또는 퇴적층 중에서 주변의 수분을 흡착하면서 성장하는 얼음을 석출빙(析出氷, segregated ice)[6]이라고 하며 실트(silt) 물질에서 잘 형성된다.

그림 9. 암괴원(block field)

---

6) **석출빙**(析出氷) 작용은 실트 물질의 퇴적층에서 잘 형성된다. 수분이 효과적으로 이동할 수 있는 입자의 크기이다.

그림 10. 얼음쐐기 작용(frost wedging)

변성석회암 절리에서 진행 중인 얼음쐐기 작용으로 암괴가 분리되고 있다(macrogelivation).

3. 열에 의한 팽창과 수축

　암석과 같은 고체물질은 가열과 냉각에 따라 변한다. 일교차가 큰 건조 지역에서는 하루의 일교차가 30℃를 넘게 변화함으로 암석은 가열시 팽창하고 냉각시 수축한다. 팽창과 수축현상이 암석 전체에 동일하게 발생하지 않는다. 암석은 열전도가 낮아서 암석 내부보다 바깥쪽에 집중된다. 결과적으로 암석표면이 내부보다 팽창률이 크게 되어 암석의 표면이 깨진다. 대부분의 암석은 상이한 광물로 구성된다. 화성암은 비열이 서로 다른 광물들로 이루어져 팽창과 수축이 반복 시에는 광물 사이에서 내적 압력이 발생할 것을 예상할 수 있다.

　유색광물은 무색광물보다 열을 빠르게 흡수하여 차별적 팽창을 야기하여 암석 내부에서 미약한 압력을 발생한다. Holmes(1923)은 이집트에서 조사한바 변성암인 슬레이트에서 7℃, 플린트에서 33℃, 모래와 자갈에서 36℃의 일교차를 보고한 바 있고 암석 표면의 거칠기, 풍향 등을 주요 인자로 제시하였다. 태양에 의한 가열이 물리적 풍화 작용에 강력하다는 것을 실험적으로 검증한 경우는 없는 실정이다. Bosworth(1922)는 페루의 사막에서 규암 자갈이 평행하게 쪼개진 것과 또 다른 돌에서 규칙적인 박리를 관찰하였다. Brown(1924) 역시 페루사막에서 자갈표면에 쪼개진 크랙을 조사하였다(**그림 11**).

  Griggs(1936)는 화강암을 약 140℃로 5분간 가열한 다음 선풍기로 39℃까지 약 10분간 냉각시키는 것을 89, 400회를 반복하였는데 이는 244년간의 일변화 가열과 같은 효과이다. 이 실험은 3년간에 걸쳐 실시되었으나 현미경 검사에서도 어떤 변화를 볼 수 없었다. 이 실험은 태양의 가열과 대기의 냉각은 암석을 쪼개는 데 충분치 않다는 시례를 보이는 것이다. 그럼에도 불구하고 중부 내륙 오스트레일리아 사막에서 규암을 비롯하여 여러 종류의 암괴들이 다수의 모서리로 쪼개진 거력(巨礫, boulder)들이 보고되었다(Ollier, 1963). 붕괴된 암석의 원인이 열에 의한 것이고 열의 근원이 태양광선일 경우 이것을 일사풍화 작용(日射風化作用, insolation weathering)이라 한다.

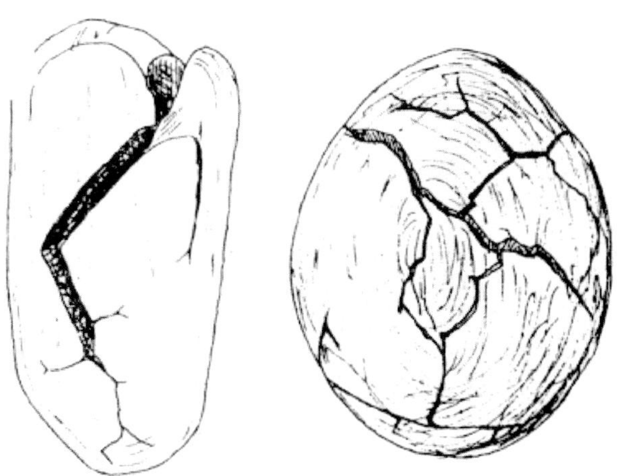

그림 11. 페루의 Tumbez 사막에서 관찰되는 자갈 표면의 균열(Brown, 1924)
Ollier(1969, p.21) 재인용

예를 들어 **그림** 12와 같이 하나의 돌이 지면 위에 돌출되어 있을 때, 돌의 윗부분(A)이 대기 중에 노출되어 있어서 압력에 놓여 있지 않으면서 가열로 팽창하는 부분이고 아랫부분(B)은 지면 아래의 압력하에 있는 상태이다. A 부분의 표면은 B부분보다 가열과 팽창이 보다 빠르다. A의 위쪽의 절반은 경사면이 가파를 경우 쉽게 사면 아래로 이동한다. 이러한 현상은 자갈사막경우에 흔하다고 보고되었다(Ollier, 1965).

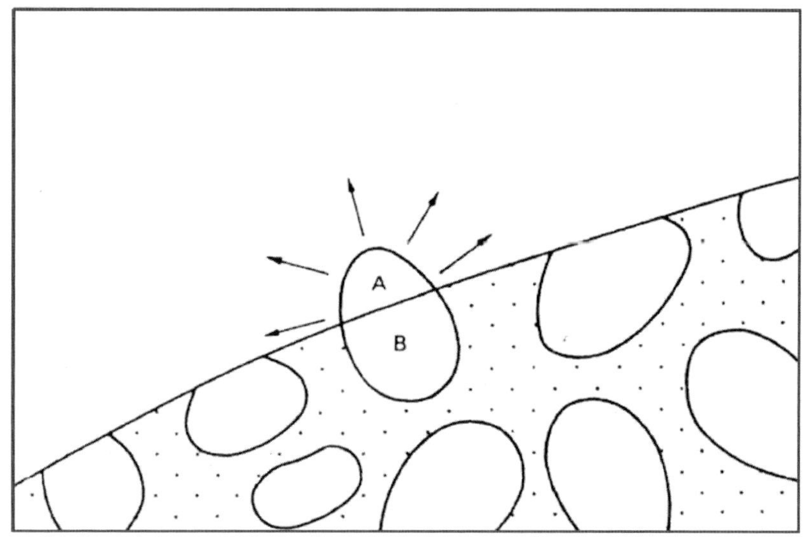

그림 12. 일사에 의한 풍화 작용(insolation weathering)
Ollier (1969, p23) 재인용

미국서부와 같이 반건조 지역의 삼림으로 된 산지에서는 번개로 인한 자연발화로 화재가 발생하여 막대한 열팽창으로 암석의 박리와 부서진 암편들이 산지사면과 낮은 구릉사면에 넓게 관찰되었다(Blackwelder, 1926). 단, 수목선 위로는 발견되지 않았고 관목이 덮인 곳에는 드물었다. 관목에서 발화한 화재보고는 Emery(1944)가 캘리포니아에서 규암 섬록암(quartz diorite)에서 관찰하였는데 암석의 표피가 떨어져 나온 것이 현저하였다. 암석표면과 내부가 검게 그을렸으며 화재의 최후단계에서 깨진 조각이 많았고 화학적인 변화는 없었다.

4. 염풍화 작용

물에는 각종 염류가 용해되어 있고 용액으로부터 형성된 염정(鹽晶, salt crystal)의 성장은 암석을 분리시킨다(salt weathering).

대부분의 염류에 의한 풍화 작용은 특수한 환경하에서 나타나는 형태로 주로 열대 건조 지역이다. 암석의 특수부분에 축적된 염분은 조암광물결정에 압력을 가하여 광물의 결합력을 약화시켜 암석을 파괴시킨다. 赤木祥彦(1978)은 폐쇄된 장소에서 열팽창에 따른 압력으로 건조 지방에 존재하는 염류의 팽창률은 화강암이 크며 건조 지방의 온도 차가 크기 때문에 폐쇄된 곳의 염류가 암석을 파괴하고 수화작용으로 건조 지방의 대기가 건조하나 일시적 강우현상 후 습도가 높아 해안사막은 이슬로 인하여 염류가 수분을 함유하여 팽창하여 암석을 파괴한다고 하였다.

암석노두나 규모가 큰 암괴들은 지름이 1－2m 크기의 구멍으로 파여져 있다(그림 13). 이러한 구멍들은 염정의 성장으로 암석에서 광물을 분리시키는 입자붕괴 현상이다. 구멍의 바닥에는 rock meal이라고 알려진 작은 입자의 광물파편과 염분이 존재한다(Wellman and Wilson, 1965; Birot, 1968). 염분의 증발로 인한 결정이 성장하면서 암석입자에 대한 얼음의 쐐기작용처럼 쐐기의 작용을 수행하는 것이다. 지하에서 상승하는 모세관수에 의하여 염분이 증발하면서 만들어진다. 대부분의 암석노두와 암괴에 크고 작은 구멍들로 파여져 있는 것은 염류결정의 성장으로 암석에서 광물을 분리하는 입상붕괴에 의한 것이 많으며 절리의 발달과 암맥의 존재 여부에 따라 다양한 유형의 염풍화 현상들, 예를 들면 선반형, 동굴형, 측입형, 관통형 등이 발견된다(김주환, 장재훈, 1978).

염풍화 작용은 염류의 공급이 계속 이루어지고 염류가 집적될 수 있도록 비로부터 그늘진 곳이라야 한다. 따라서 해안환경에서 또한 중요하다(Pitty, 1971; 황상일, 박경근, 2007). 해안에서 바람에 의해 염분이 운반될 때, 주기적으로 해수가 범람할 때 소금물이 바닷가 바위에 적신 다음 소금물이 증발할 때 소금결정이 만들어진다. 물을 먹은 암석이 건조해지면서 절리의 틈새와 광물입자 간의 경계면을 따라 염류가 결정구조를 가지면서 집적된다.[7] 이러한 물리적 풍화에는 화학적 작용도 수반하는 것으로 판단된다(Cooke and Samalley, 1968). Cooke는 염류가 열에 의한 팽창현상이 현저하여 암석의 균열발생을 일으킨다고 주장했다. 여기에서 암석균열은 미미하지만 암석을 파괴할 수 있는 조건이 구비된다. 다공질의 암석에서 포화된 염분용액에서 결정이 유도되는 것은 수분의 증발, 이탈 또는 기온의 변화 등이다.

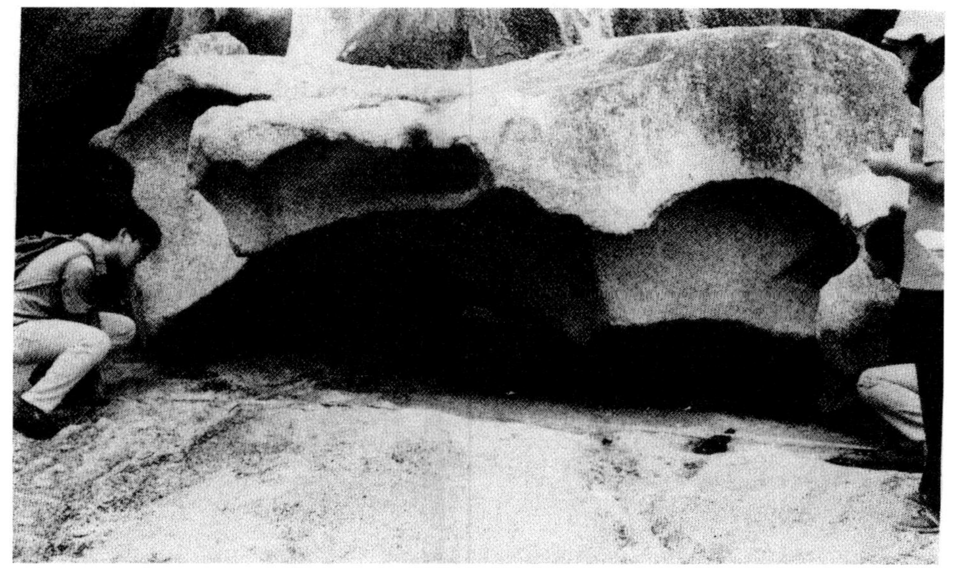

그림 13. 염풍화 작용(salt weathering)

염정의 성장으로 암석에서 광물을 분리시킨다. 구멍의 직경은 1m이상이다.

5. 기타 물리적 풍화 작용

절벽 아래 하천의 침식으로 인한 절벽의 붕괴가 있다. Bradley(1963)는 콜로라도 고원의 사암층에서 관찰하였고 하천침식으로 하각작용(under-cutting)에 의하여

---

7) <u>Cooke and Smalley</u>(1968) point out that salt in a confined space may cause stress by growth from solution, thermal expansion, or hydration.

붕괴되는 것이 있으며 수분의 침투와 암석 아래의 점토가 다량으로 있을 때 그리고 카르스트(kearst)지형에서 용해작용과 더불어 석회암이 붕괴되는 전형적인 것이다.

마식(磨蝕, abrasion)은 또 다른 경우로서 암석과 광물이 단순한 기계적으로 마모되는 현상이다. 운반되는 입자와 기반암 사이에서 영향을 주고받으며 운반하는 자갈이나 모래가 기반암에 충격(impact)을 가한다. 암석들이 다른 암석 위로 미끄러짐으로 인한 마찰현상이다. 빙하는 유수와 같이 기반암에서 암편을 뜯어내는 굴식(掘蝕, plucking)[8])을 일으키는 데 현저한 풍화 작용 기구이다. 빙하 밑에서 운반되는 암설은 엄청난 무게에 짓눌려서 미세한 돌가루로 잘 부서진다. 빙하 밑에서 다량으로 생산되는 미립물질은 암분(岩粉, rock flour)이라고 한다.

해면 가까이 또는 파식대에서는 규모가 작고 얕은 풀(pool)이 수없이 많이 관찰되고 있는데 풀의 끝단이 해수면에 의하여 깎이고 있어서 풀이 점점 넓어지게 되면 이웃한 풀과 합쳐져서 넓은 평탄면으로 나타난다. 현무암, 사암, 셰일 및 풍화된 화강암 등에서 현저하다. 규암이나 단단한 암석은 비교적 영향을 덜 받는다. 이 작용은 부분적으로는 염류에 의한 용해작용에 기인한다. Hills(1949)는 이러한 현상이 파식대에서 활발하고 또한 건습의 반복으로 진행되는데 해면(sea level)과 관련된다고 하여 해수면 풍화 작용(water level weathering 또는 water layer weathering)이라 하였다.

---

8) 이는 빙하 밑바닥의 기반암층의 틈에 침투한 물이 얼면서 기반암석을 물리적으로 파괴하고 여기서 기원한 암설을 빙하가 운반하면서 찰흔(擦痕, striation)을 만든다. 물리적 굴식을 받은 기반암은 매우 거칠다.

3 화학적 풍화 작용

1. 화학적 평형 개념

물질은 분자로 결합된 원자로 구성되고 기체, 액체, 고체 형태로 존재한다. 원자의 특수한 조합은 안정되어 있거나 새로운 배열을 향하여 조정된다. 안정된 상태를 평형(平衡, equilibrium)이라 한다. 모든 경우에 있어서 물리적, 화학적 작용은 교란된 평형의 결과이고 교란된 평형을 복구하는 방향으로 진행된다. 모든 물체는 주어진 압력과 온도조건하에서 안정된 상태로 존재하기를 바란다. 이러한 상태가 평형인 것이다. 기체와 액체뿐 아니라 개별적인 결정체 종류 모두에 해당한다. 압력이나 온도 그리고 화학적 조성에서 변화가 발생하면 광물조성은 불안정하게 되고 안정한 상태로 전환하려는 현상이 있는데 그러한 사례가 풍화 작용이다.[9] 시스템 내에서 변수가 많을수록 반응 경로를 예측하기는 어려울 뿐 아니라 풍화 작용에서 변수는 상당히 많다. 예를 들어 일정한 온도와 압력하에서 방해석($CaCO_3$)이 용해되는 변수는 7가지다. 변수 중 하나의 반응은 서로 다른 수많은 단계를 발생

---

9) 르 샤틀리에(Le Chatelier's) 원리는 어떤 힘이 작용하면 평형 내의 시스템이 원상 복구하려는 화학적 작용 원리이다.

시킨다. 방해석 용해에는 4개의 현저한 단계를 가지며 규산염광물의 변질은 보다 많은 단계를 포함하고 있다.

암석이나 광물은 여러 가지 영향을 받으면 그 화학적 성분이 전혀 다른 물질로 변질된다. 이러한 현상은 이미 언급한 대로 암석 및 광물이 지표면의 물, 온도, 압력 등과 평형을 이루지 못하기 때문에 발생한다. 풍화 산물(weathered products)은 지표환경보다 안정적이므로 주어진 압력과 온도조건에서 안정 상태로 되어 있다. 풍화 물질의 제거는 풍화 작용과정에 있어서 중요하다. 풍화 산물의 제거로 인하여 반응은 같은 방향으로 지속되고 제거되지 않고 제자리에 그냥 있으면 폐쇄 상태(closed system)로 평형에 도달하게 됨으로 반응은 초기단계에서 정지한다(Ollier, 1969).

일반적으로 물리적 풍화가 먼저 진행되면 화학적 풍화 작용(chemical weathering)이 용이하게 된다. 화학적 풍화는 물리적 풍화와 비교하면 전반적으로 영향이 매우 크다. 그 이유는 전 세계에 걸쳐 화학적 풍화를 받는 지역이 훨씬 넓기 때문이다. 특히 풍화 작용 중에서도 물에 의한 영향은 막대하여 비록 고산 지역이라 할지라도 어느 정도 수분을 포함하고 있어서 최소한의 화학적 풍화는 발생한다.

1) 수소이온 농도

용액에 존재하는 이온의 한 형태는 수소이온(H^+)이다. 이것은 수많은 반응을 결정하는 데 매우 중요하다. 수소이온 농도는 산도(酸度, acidity)라 하며 pH로 나타낸다. pH는 수소이온 농도의 마이너스의 log수치[10]이다. 순수한 물, 즉 증류수는 pH가 7이다. 그것은 같은 수의 H^+이온과 OH^-이온을 품고 있기 때문이다. 중성의 물에 HCL을 가하면 수소이온농도는 높아져서 산성으로 되고 KOH를 가하면 OH^-이온이 많아져 알칼리성으로 된다. 이와 같이 H^+와 OH^-는 한쪽이 증가하면 다른 것은 감소한다. H^+, OH^-는 언제나 10^{-14}이므로 한쪽의 농도를 알면 다른 것도 알 수 있다. 자연환경에서 pH는 다음과 같다(**표 2**).

---

10) H^+농도$=10^{-7}$(중성) 10^{-7}의 log는 -7, pH$=$역으로 표시하므로 $-\log 10 - 7 = 7$이다.

표 3. 수소이온 농도

pH	자연환경(Natural environments)
10	알칼리 토양
9	
8	해 수
7	칼슘 토양
	빗 물
6	
5	산성 토양
4	
3	광산수
2	산성 온천수
1	

물질의 용해도는 pH에 의하여 많은 영향을 받는다. 철분의 용해도는 pH 8.5보다 pH 6.0에서 100,000배이다. 약산성의 철분을 가진 물은 알칼리성인 해수에서 철분을 침전시킨다. 알루미나와 실리카의 용해도는 **그림** 15와 같이 pH에 의하여 현저하게 영향을 받는다. 대단히 낮은 pH 4에서 알루미나는 실리카보다 쉽게 용해된다. 이러한 환경은 실제로 드물고 실리카를 남기면서 알루미나의 제거는 발생하지 않는다.

pH 5와 9 사이에서 알루미나는 불용해성이며 실리카는 용해도가 증가하여 차별적인 용탈(leaching)로 인하여 라테라이트나 보크사이트를 형성한다.

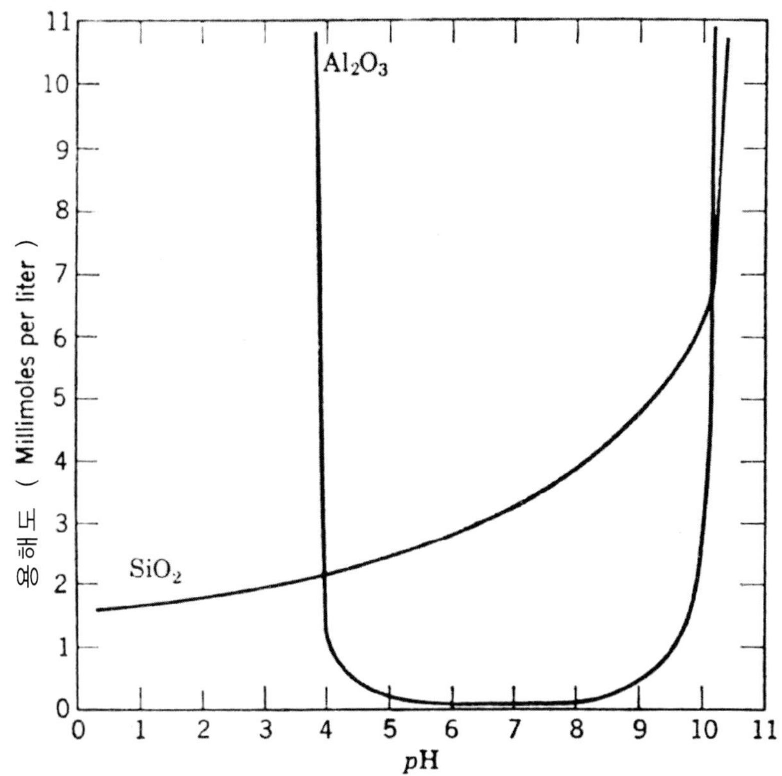

그림 14. pH에 의한 알루미나와 실리카의 용해도

알루미나는 pH6 − 8에서는 거의 용해되지 않는다. 실리카는 ph가 상승함에
따라 용해도가 높아진다.

2) 이온전위

용액 중에서 이온은 물분자와 반응하여 수화작용을 일으키는데 수화작용은 이온
전하(Z로 표시)와 이온반경에 비례한다. 인자 Z / r는 이온전위(電位)라고 알려져
있고 이온전위는 물로 향하는 이온행위의 척도이다(ionic potential).

Na, K, Mg 원소 같은 이온전위가 낮은 원소들은 풍화 작용 과정에서 용액 중
에 그대로 남아 있고 이온전위가 높은 원소들은 용액 속의 산소와 더불어 복합음
이온을 형성한다. 중간단계의 이온전위는 가수분해로 인하여 침전된다(**그림 15**).

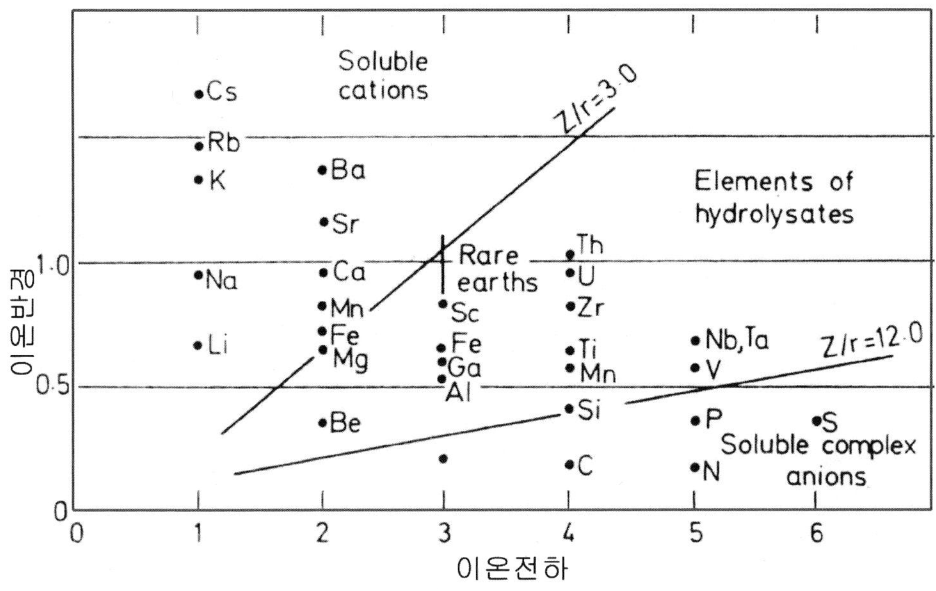

그림 15. 이온전위(이온 전하를 이온반경으로 나눈 값)로 구분한 요소들의 지화학적 배열

3) 수화작용

    수화작용(水和作用, hydration)은 광물에 물이 결합되는 작용이다. 철산화물이 물을 흡수하여 철수화물로 되거나 철수산화물(iron hydroxides)로 변화하는 것이다. 수화작용에 의한 풍화 작용은 광물구조에 물분자의 부착을 말한다. 수화작용은 점토광물 형성에 매우 중요하며 물은 실제로 결정격자의 한 부분으로 스며든다. 점토광물은 가수분해와 수화작용을 동시에 받으면서 생성된다. 수화작용은 발열반응(exothermic reaction)[11]이며 물리적 풍화 작용에 중요한 체적변화(팽창)를 일으켜 암석을 물리적으로 깨뜨리고 박리와 입상붕괴를 유도한다. 즉 수화와 탈수를 반복하는 과정에서 석영과 같이 풍화를 받지 않는 입자들은 기반암에서 분리될 수 있는 것이다. 수화작용은 산화작용과 탄산화 작용을 통하여 광물입자 표면에 변화를 주게 된다. 화강암에서 석영과 같은 광물들이 원형대로 분리되는 것은 점토광물이

---

11) 주변환경의 변화에 의해 반응을 일으켜 다른 물질을 만들어 내는 작용이다.

팽창과 수축을 반복함으로 이것들을 이완시키기 때문이다. 많은 점토광물 형성에서 수화작용이 매우 중요하고 점토형성에 장석류의 가수분해와 그와 밀접한 수화작용은 화강암 풍화에서 특히 중요하다.

화성암의 경우 장석류의 풍화 과정은 앞에서 언급한 수소이온의 농도와 물이 결합하여 원래 풍화된 광물이 가지고 있던 양이온을 포함하던 점토광물과 규산, 그리고 풍화된 광물이 포함하던 주요 양이온이 유리되는 과정이다. 이러한 과정은 만일 풍화 변질을 받는 광물들이 철을 함유하고 있을 경우에는 그 반응 과정이 약간 다르다. 철은 조암광물 내에서 보통 +2가로 존재하지만 물의 영향을 받아 산화되면 곧 수화되어 $Fe(OH)$의 형태로 침전된다. 장석입자의 풍화 작용은 화강암을 팽창시키고 분쇄시켜 분리된 석영의 입자와 풍화된 장석으로 쪼개져 그라스(grus, growan)가 된다.

4) 가수분해

가수분해(加水分解, hydrolysis) 작용은 물과 규산염 광물과의 화학적 반응으로 물의 H^+이온 혹은 OH^-이온과 광물 이온 사이의 반응으로 이러한 반응은 광물이 물과 접촉할 때는 언제나 발생한다. 규산염 광물의 가장 중요한 화학적 반응으로 물이 간섭한 분해과정이다. 물은 단순히 용해한 반응물질의 운반자일 뿐만 아니라 그 자신이 반응물질의 하나이다.

물에 H^+이온의 증가는 가수분해의 효과를 최대화한다. 물에 녹은 이산화탄소는 물이 H^+이온을 공급하여 가수분해가 되도록 산화시켜 주는 가장 좋은 방법이다.

가수분해의 분명한 표현은 광물이 순수한 물에 가루로 된 후 pH 농도를 측정함으로 주어진다. 다수의 광물들에 있어서, 즉 감람석, 휘석, 양기석, 하석 등은 물에 의하여 pH 11이다. 수소이온의 집중(증가)은 모든 풍화 작용 반응에서 기본적으로 중요하다. 수소이온의 집중은 실리카와 알루미나의 용해도를 감소시키기 때문이다. 탄산은 순순한 물보다 가수분해에서 H^+이온 공급을 더 좋게 하여 가수분해의 산물이 용해되고 쉽게 운반되도록 한다(권동희, 박희두, 2007). 즉, 물속에 H^+이온 농도를 증가시키는 것은 가수분해의 효과를 높인다.

수소이온의 증가는 산성의 점토(양이온치환으로 인한)와 식생이다. 여기에서 식생은 계속적으로 수소이온을 공급하며 산성의 환경을 만들어 주변의 광물을 풍화시킨다. 지구상에서 가장 보편적인 풍화 반응은 장석류의 가수분해이다. 장석은 지구상 물 다음으로 풍부한 물질이며 정장석(orthoclase)과 탄산염수와의 전형적인 화학적 풍화 반응은 다음과 같다.

(반응)

$$2KALSiO_2 + 2H_2CO_3 + 9H_2O - - - - AL_2SiO_3OH)_4 + 4H_4SiO_4 + 2K + 2HCO_4$$

카올리나이트 점토광물(고령토)은 색깔이 흰색으로 부드러우며 사장석(plagioclase, $NaALSiO_8$, $CaAl_2 SiO_8$)은 가수분해 후 보크사이트(bauxite)로 변질된다. 이것은 열대습윤 지역의 토양을 구성하고 있다.

5) 킬레이션

킬레이트(chelation) 반응은 유기물 고리(ring) 내에 금속양이온들이 결합되는 과정이다. 킬레이션은 고리구조 내에 금속이온을 포함시킬 수 있는 작용이다. chelate란 '게의 집게발과 같은' 뜻을 가지며 탄화수소 분자가 금속이온을 붙잡고 있는 강한 화학적 결합을 의미한다. 즉 금속이온들이 탄화수소 분자로 혼합되는 유기화합의 과정이다. **그림** 17과 같이 두 개의 고리 구조 내에 금속이온을 포획할 수 있는데 이러한 포획작용은 실제로 그 이온이 물속에는 존재하고 있으나 포획물로 잡혀 있기 때문에 이온으로서 존재하는 것은 아니다. 이러한 작용은 토양수 내에서의 광물의 용해도를 증가시키며 이러한 용해도의 증가로 실제 물속에 녹아 있을 수 있는 양보다 훨씬 더 많은 양의 이온이 용해될 수 있다. 이러한 용해도를 실제 용해도(apparent solubility)라고 한다. Si^{4+}, Al^{3+}, Fe^{2+}, Ca^{2+}, Na^{2+}, K^+ 등과 같은 양이온들은 킬레이션 작용의 영향을 받는다. 일반적으로 이온반경이 작을수록, 그리고 이온가가 높을수록 킬레이션이 잘되는 경향이 있다. 킬레이션 작용은 광물이나 기타 불용성으로 존재하는 고체로부터 이온을 추출하고 유리된 이온은 운반매

체를 통하여 이동한다(Blatt, 1982).

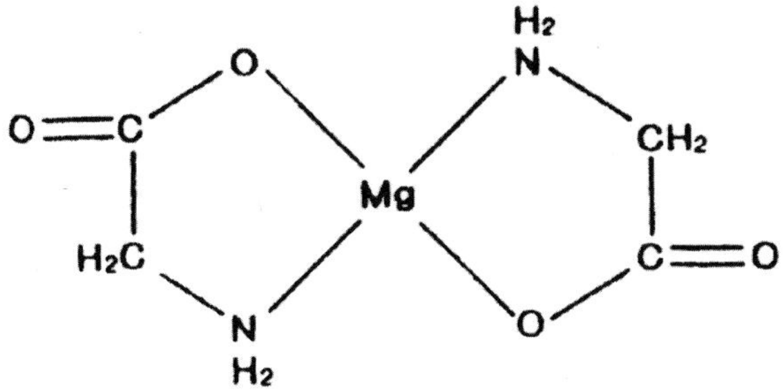

그림 16. 킬레이션의 구조

$H_2N - CH_2 - COOH$에 의해 이온이 포획되고 있다.

철분이 폐로부터 산소를 운반하는 역할이 그 좋은 사례이다. 킬레이트 화합물은 가용성이므로 물의 침투에 의하여 이동된다. 이 화합물은 생물체 내에 있어서 주요한 화합물일 뿐만 아니라 토양 중에서 또는 암석광물 풍화 작용에 있어서도 중요한 작용을 진행하고 있다. 식물들은 킬레이트 작용을 통하여 광물로부터 이온을 택하여 영양분으로 이용한다. 킬레이션을 생물적 풍화 작용으로 간주하는 견해도 있다. 광물풍화가 단순한 무기물에 의하여 이루어지는 것보다 더 큰 비율로 진행한다.

6) 탄산염화 작용

탄산염화 작용(炭酸鹽化作用, carbonation)은 광물과 탄산염 또는 중탄산염(重炭酸鹽)의 화학반응이다. 탄산염은 풍화 작용에서 최종산물로 보편적이지는 않지만 탄산염의 형성은 탄산염 암석인 석회암이나 장석류의 풍화에 기여하고 있다. 탄산칼슘은 순수한 물보다 탄산이 있는 경우에 곧 반응함으로 용해된다. 석회암은 점토광물과 모래 등 용해되지 않는 불순물은 제자리에 남아 잔류토양(테라로사)을 형성하는데 철분성분으로 인한 산화작용으로 적색을 띠고 있다.

식생조직의 부패에서 발생한 이산화탄소는 토양 공기 중에서 풍부하고 대기와 접촉하고 있는 물 역시 탄산가스를 함유함으로 탄산염화 작용은 풍화 작용 중의 하나이다.

(반응)

$$H_2O + CO_2 \longrightarrow H_2CO_3 \longrightarrow H + (HCO_3)$$

물　　　탄산가스　　　　　　탄산　　　　　　　　수소이온　중탄산

7) 산화작용

산화작용(酸化作用, oxidation)은 산소와 반응하여 산화물(oxides)을 형성하는 것을 의미한다. 물과 더불어 반응한다면 수산화물(hydroxide)을 형성하는 것이다. 산화에 의한 풍화 작용은 언제나 물을 매개로 이루어진다. 대기 중의 산소와 반응하는 것이 가장 자연스러운 풍화 작용일 것이다. 따라서 산화작용은 대기권 지역에서 발생하는 것으로 간주한다. 결국 대기에 노출된 암석의 표면에서 활발하며 대부분의 암석과 토양은 특색 있는 적색과 황색으로 된 철산화물(iron oxides)이나 수산화물로 나타난다. 쇠붙이가 습기 있는 곳에서 바로 녹이 스는 현상이 바로 그러한 사례이다. 빗물이나 지하수에는 항상 금속성 철을 산화함에 충분한 용존산소가 있고 광물 화합물 중에서 산화제1철을 산화가 진행된 안정성 높은 산화제2철로 변화시킨다.

(반응)

$$4FeO + 2H_2O + O_2 \longrightarrow 4FeO \cdot OH$$

산화철　　　물　　　산소　　　　　　　　　　goethite

8) 광물의 안정도

    고온과 높은 압력에서 생성된 조암광물은 화학적 풍화 작용에 의하여 분해된다. 지표에서 새로운 환경에 적응하는 과정에서 저항력의 정도가 다르다. 어떤 광물은 화학반응에 민감하여 급속히 분해되나 어떤 것은 장기간 변하지 않는다. **표 4는** 풍화 작용에 대한 안정도의 순서이다. 제시한 표위에서부터 아래로 내려갈수록 안정도가 높다. 안정도가 높은 것은 풍화 작용에 대한 저항력이 크다는것을 의미한다. 이러한 순서는 마그마(magma)가 냉각시에 광물이 결정체를 이루면서 분리되는 순서와 같다. 예를 들면 높은 온도에서 결정된 감람석이나 칼슘 사장석을 지표환경에서 불안정함으로 제일 먼저 붕괴된다. 온도가 낮은 환경에서 결정된 석영은 안정도가 높아 지표에 노출될 때 풍화작용을 거의 받지 않는다. 풍화작용에 대한 저항력이 화성암과 변성암은 약하고 풍화과정을 거친 암설로 퇴적된 퇴적암은 상당히 저항력이 강하다. 사암이나 셰일 암석은 물리적으로 잘 쪼개지지만 화학적으로는 안정도가 높다.

표 4. 풍화 작용에 대한 광물의 안정도

<저항도작음>	
감람석	칼슘장석(아노르사이트)
휘석	칼슘 – 알칼리 사장석(아노르다이트)
각섬석	알칼리 – 칼슘 사장석
흑운모	알칼리 사장석(알바이트)
칼리장석	
백운모	
석영	
<저항도큼>	

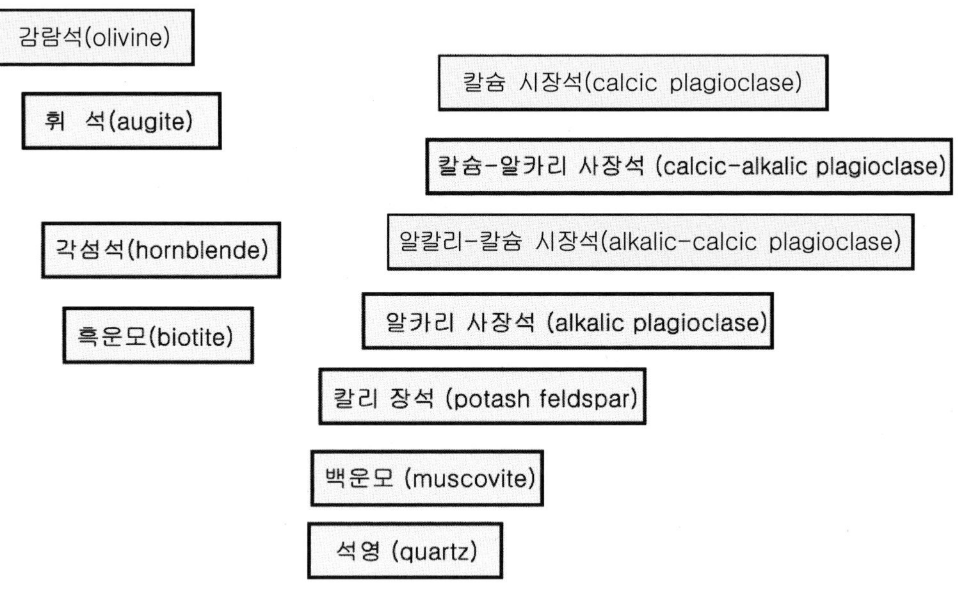

그림 17. 풍화작용에 대한 광물의 안정도

위에서 아래로 갈수록 풍화작용에 대한 광물의 저항력이 크다. 이 순서는 마그마가 식을 때 일어나는 정출(晶出) 순서와 일치한다. 가장 늦게 정출하는 석영은 풍화작용에 대한 저항력이 가장 크다.

생물학적 풍화 작용

　지구상 육상식물이 나타나기 시작한 후로 식물체는 화학적 풍화 작용에 매우 큰 영향을 끼쳤다. 그 이전까지는 지표에 노출되었던 암석은 풍화 작용을 받았으나 토양이나 풍화층이 발달하지 못하였다. 식물체가 풍화 과정을 통하여 암석을 변질시키는 힘은 매우 크다. 식물은 살아 있는 동안에 광합성과 호흡작용을 통하여 산소와 이산화탄소를 모두 이용하고 죽으면 유기물이 분해되면서 이산화탄소를 배출한다. 식물체가 부패하면서 풍화 과정에 영향을 미치는 유기산이 생성되어 이러한 유기산은 킬레이션(chelation)을 일으킨다.

　(1) 암석과 광물은 식생과 동물 및 박테리아의 활동에 의하여 크게 지배된다. 풍화 작용의 한 부분으로 생물인자 특히 박테리아 같은 유기체에 의한 풍화 작용의 비중이 그렇게 작지는 않다. 땅굴을 파는 동물이나 지렁이, 작은 동물을 통한 암석이 물리적으로 쪼개질 수 있다. 풍화 작용에 대한 동물의 기여는 토양을 반복해서 혼합함으로 암석을 풍화 인자에 노출시키고 광물입자를 대기와 물에 접촉하도록 하는 것이다. 식생과 더불어 토양미생물의 호흡은 토양 중에 CO_2를 증가시켜 화학적 풍화 작용을 돕는 것이다. 토양동물이 침투하지 못하는 어떤 깊이가 보통 있다. 약한 암석 또는 배수가 쉬운 풍화층이 그러하다.

(2) 생물적 풍화 작용(biotic weathering)에 보고된 사례를 보자면 다음과 같다 (Ollier, 1969).

열대 지역의 흰개미(termites)는 토양층을 분류해 낼 수 있으며 집을 짓기 위해 토양입자들을 위로 운반한다. 오래되면 흰개미집은 붕괴되고 새로운 집이 지어진다.

시간이 경과하면 흰개미에 의한 물질이 지표를 덮는다. 흰개미의 활동으로 돌과 깨진 물질이 쌓인다. 여러 열대 지역에서 토양단면은 세립역층(stone line)[12]과 세립물질에 의하여 덮인다.

지렁이(earthworms)는 1.5m 정도로 땅을 파며 최대 10톤을 통과함으로써 토양 표면에 치환염기(exchangeable bases)를 풍부하게 하고 수분을 가진 부식과 광물질을 많이 만들고 있다. 동시에 땅속을 기어 다니며 흙을 섞어주고 빗물이 빠지는 공기구멍을 만든다.

땅을 파는 설치류(rodents) 동물은 몇 가지 역할을 하고 있다. 토끼는 모래 부분을 잘 파는데 이것이 풍화에 미치는 영향은 미약하지만, 다른 물질과 섞이는 과정에서는 중요할 수 있다. 체르노젬 지역[13]의 프레리도그(prairie dog)와 여타의 동물들은 40에이커(20ha 정도)를 차지하고 살고 있는데 토양구조를 파괴시키고 토양을 재혼합시킴으로써 용탈(leaching)과 토양형성작용을 방해하고 있다.

달팽이(snails)는 석회분이 풍부한 지역에서 흔히 서식하면서 석회암에 구멍을 깊이 뚫고 산다. 새의 배설물은 토양형성작용과 풍화 작용을 위한 유기물질을 제공한다(남극의 펭귄도 유기질의 주요 공급원이다).

조류토양(鳥類土壤, ornithogenic soils)[14]은 구아노(guano)와 새 깃털의 케라틴(keratin)으로부터 형성된다. 도서 지방에서 새들의 배설물은 다량의 구아노 퇴적층을 만들고 그것은 석회암을 풍화시키며 탄산과 반응하여 새로운 물질을 만든다. 동굴안의 박쥐 구아노(bat guano)라는 동물은 동굴천정에 구멍을 침식하고 새로운 광물을 형성함으로 구아노층 밑의 동굴바닥을 풍화하고 있다. 동굴의 대부분은 석

---

12) stone line은 열대 토양층 상부의 작은역(pebble－size)으로 구성된 자갈층이다. 지표수가 흐른 후 새로운 토양포행으로 덮이거나 흰개미에 의하여 올려져서 형성된다.
13) Chernozem은 대륙 내부 냉온대 지역의 토양으로 러시아말로 검은 흙(black soil)이라는 뜻이다.
14) 한랭지역의 새와 관련된 토양이다(Cryosols).

회암이지만 다른 암석에서도 발생한다. 박쥐 구아노와 현무암의 상호작용으로 용암동굴 내부에는 희귀한 광물질이 형성된다.

큰 동물(large animals)은 토양을 다지고 토양침식과 유출을 증가시킨다. 과방목으로 인하여 식생을 파괴시키거나 감소케 하여 동일한 결과를 초래한다. 침식은 풍화 물질을 제거하고 풍화 진행속도에 영향을 준다.

토양박테리아(soil bacteria)는 광합성하는 박테리아(autotrophic bacteria)와 신진대사(metabolism)를 위하여 철(Fe)과 유황(S) 등의 광물질을 산화하는 박테리아(chemotrophic bacteria)가 있는데 후자의 박테리아는 풍화 작용에 있어서 중요하다. 이것은 환원(還元, reduction)조건에서 매우 활동적이고 황화물을 만든다. 철분과 유황 그리고 망간은 열대토양에서 규산을 제거시키는 중요한 역할을 한다. 질소고정 박테리아(Azobacter)는 질소를 NH^{4+}로 전환시키고 NO_3^-를 NH^{4+}로 바꾼다. 따라서 토양산도(pH)와 토양생물에 크게 영향을 준다. 박테리아에 의한 풍화 작용은 캐나다의 Eliot 호수에서와 같이 경제적으로 중요하다. 이 호수에는 오래된 광산의 물이 산성으로 알려졌고 경제적으로 복구할 수 있는 우라늄과 제2철이 용해 집적되어 있음이 알려졌다(Bunting, 1961).

토양조류(土壤藻類, soil algae)는 엽록소를 가진 단세포식물이다. 이들은 노출된 암석표면에 최초로 서식하는 생물이다. 이들은 CO_2와 N_2를 이용할 뿐 아니라 광물질에서 미량의 양분을 섭취한다. 사막칠(砂漠漆, desert varnish)의 형성은[15] 암석표면에 철산화물의 집적을 만드는 청녹조류에 의한 것으로 알려졌다. 중국의 천산(天山) 지역은 고도 4,200m의 빙하권 지역으로 사막칠의 형성은 박테리아, 조류 및 곰팡이를 포함하여 막대한 미생물(1g당 백만 마리의)이 포함된 것으로 알려졌다. 한랭한 지역에서 화강암의 석영입자 사이에서와 장석의 쪼개진 면에서 조류가 발견되었다. 조류들은 장기간 습한 곳과 바위의 밑부분과 균열이 있는 부분에서 살고 있었다.

---

15) 사막칠은 사막의 자갈표면에 형성되는 얇은 막으로 철과 망간물질로 착색 코팅되어 있다.

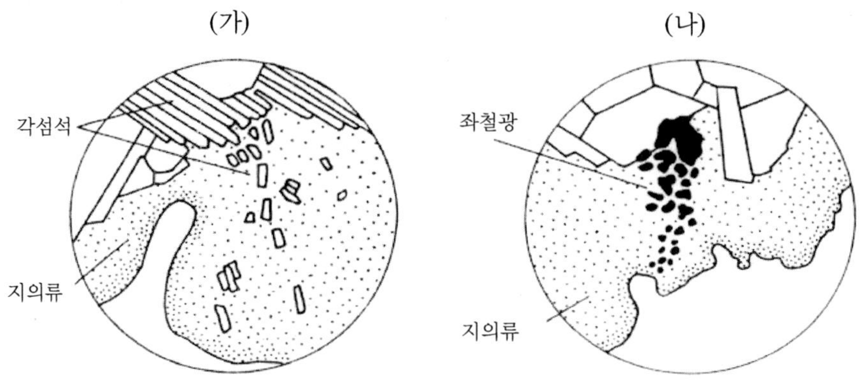

그림 18. 지의류(lichen)에 의한 광물풍화 작용(가)
암괴에 부착된 물이끼(나)

지의류(地衣類, lichens)는 조류와 균류와 공생관계에 있고 전자는 광합성에 의하여 만들어진 탄수화물의 공급자이다. 지의류는 암석 표면에 서식하고 유기산을 분비하여 암석을 녹이고 이온교환에 따라 암석광물로부터 양분을 흡수한다. 이에 따라 광물을 물리, 화학적으로 변질시킨다. 곰팡이는 암석의 틈에 침입하여 물리적으로 파쇄하고 건습(乾濕)에 따라서 팽창과 수축으로 광물을 파괴하는 것이다. 지의류가 죽게 되면 부식이 미세하게 생성되어 선태류(蘚苔類, brophyte)가 생육한다(그림 18). 이들의 모근이 암석의 틈으로 뻗어나가 암석 파쇄를 돕는다. 이들의 유체가 부식으로 쌓이며 암석표면의 풍화가 진전된다. 세균류는 광물 성분을 섭취하여 생존하며 운모의 벽개면까지 치밀하게 침투하여 광물을 미세하게 파괴한다.

큰 식물(larger plants)은 여러 면에서 풍화 작용에 크게 영향을 주고 있다. 암석의 절리가 식물뿌리의 압력에 의하여 확장되며 지렛대역할로 암석이 갈라진다(그림 19).

그림 19. 암석 절리에 자생하는 식물

뿌리의 침투는 암석을 파괴한다.

깊이 침투하는 식물의 뿌리는 최대 20ft 이상이다.[16] 이러한 사실은 토양층은 두

---

16) 추적할 수 있는 뿌리의 최대 기록은 미국남서부의 콩과식물인 mesquite로 깊이 175ft
로 알려져 있다.

껍지 않으나 풍화층이 상당히 깊다는 사실을 보여준다. 낙엽층과 다양한 부식층[17]은 수분을 유지함으로 풍화 작용을 촉진한다. 토양공기의 CO_2의 증가는 화학적 풍화를 돕는다. 식물의 중요한 역할은 침식과 풍화 산물을 통제하는 일이다. 풍화 산물이 집적되면 풍화 작용에 방해가 됨으로 풍화 산물의 빠른 제거는 풍화 작용을 가속시킨다. Walker(1963)가 미국 와이오밍 지역에서 초지와 삼림의 침식률을 조사한 바로는 초지에서 침식이 배로 빨랐으며 풍화 작용도 더욱 빠르다는 결과가 나왔다. 나무들의 뿌리조직은 미지형 형성에 영향을 주며 토양에 있어서 뿌리에 의한 침투수 조절은 토양의 용탈을 약화하였다.

생물적 풍화 작용은 물리, 화학적 풍화 작용의 결합으로 생각할 수 있으며 중요한 사항을 간추리면 다음과 같다.

1. 설치류, 지렁이처럼 기어 다니는 생물(연충류)과 개미, 곤충 등이 굴을 파거나 먹이를 취함으로써 암석과 광물을 파쇄하며 상하층부의 물질을 혼합시켜 토양을 엉성하게 함으로써 공기와 수분의 접촉 면적을 증가시킨다. 배설물과 유체 등은 식물유체와 같이 부패되면서 접촉되는 산화물에서 O_2를 탈취하여 물질을 환원시킨다. 또한 성장하는 뿌리의 압력으로 토양입자를 규합하여 분산을 방지함으로써 빗물로부터 보호되고 수분을 지니기 때문에 물질과 수분과의 접촉이 이루어져 풍화를 촉진한다.

2. 동식물호흡에 의한 CO_2의 증가 및 산도(pH)효과(특히 석회암의 풍화)와 이로 인한 화학적 작용이 이루어지고 식물 유체가 부패되면 역시 CO_2와 각종 유기산 그리고 부식산을 생성한다. 이들은 암석 광물에 작용하여 염기를 탈취하고 Al과 Fe를 용해, 해교(解膠)시킨다.

3. 유기광물질의 형성과 킬레이트작용과 같은 화학적 작용을 한다.

---

17) 부식의 단계(stage)는 조부식(粗腐植, mor), 입상부식(粒狀腐植, mull), 그리고 중간형태인 mor 등으로 육안 관찰이 가능하다.

4. 식물의 그늘(shade)과 발효작용, 지면에서 물질의 이동으로 인한 지면온도의 상승효과가 있다.

5. 조류(algae)와 홍합 등이 파식대 기반암에 엉겨 붙어 있는 경우에는 침식으로부터 보호되며 파식대 기반암의 수분을 유지하여 건조를 막는다.

5

광물의 풍화 작용과 점토광물

1. 광물의 풍화 작용

광물(minerals)[18]은 암석의 구성단위이고 광물은 1종 또는 그 이상의 원소와 화합물로 되어 있다. 광물의 종류는 2,500여 종에 달하지만 암석 중에서 발견되는 광물의 대부분은 석영, 장석, 운모, 각섬석, 휘석, 방해석, 점토광물 등이고 이 밖의 광물은 대체로 희소하다. 암석은 또한 풍화 과정에서 점토광물(clay minerals), 즉 2차광물로 변할 수 있는 광물로 구성된다. 2차광물은 다른 광물로 변질될 수 있다. 화성암을 만드는 광물을 조암광물(造岩鑛物, rock-forming minerals)이라 한다. 여기에는 종류가 많이 있으나 대략 7종에 불과하며 이들은 화성암의 주성분 광물(main component)이라고 한다. 마그마가 냉각되면서 굳을 때 생긴 석영, 장석, 운모 등은 높은 온도와 동시에 압력이 높은 상태에서 만들어진 것으로 지표의 환경에 노출되면 화학적으로 불안정해진다. 따라서 이들 광물이 풍화 작용을 받는 것은 새로운 환경에 적응 또는 평형을 향해 움직이는 현상이라 볼 수 있다. 풍화

---

18) 광물은 자연계에서 산출되는 무기물의 화합물질로 물리적, 화학적 성분이 균질하며 일정한 화학 성분을 갖는 고체이다. 석탄, 수은, 천연가스 등은 준광물(準鑛物)로 취급한다.

작용에 대한 광물의 저항력은 서로 다르다. 어떤 광물은 화학반응에 예민하여 급속히 붕괴, 변질되고 다른 광물은 장기간 결정체의 원형을 유지한다.

모암(母岩, parent rock)은 풍화 작용 과정에서 점토 종류에 영향을 준다. 예컨대 현무암과 같이 염기성 암석은 다량의 양이온을 공급하여 몬모릴로나이트를, 산성암은 카올리나이트를 형성한다. 풍화 환경에 따라 마식(abrasion)에 차이가 있다. 물에 운반된 충적층에서 운모(mica)는 마식에 대하여 강하지만 풍성층에서는 쉽게 파괴된다.

광물에는 기본적으로 결정(crystal)을 가지고 있는데 결정은 결정면의 형태와 크기가 다르게 발달되어 있다. 광물의 풍화 작용은 광물의 구조와 구성성분에 따라 좌우된다.

(1) 결정구조(結晶構造, crystal structure)는 구성원자나 이온들이 3차원적으로 규칙적으로 배열되어 있는 내부적 규칙성이 외부적으로 나타난 다면체이다. 대부분의 광물은 결정질(crystalline) 상태로 산출된다. 결정의 크기(crystal size)에 따라 풍화 양상이 다르다. 큰 결정은 작은 것에 비하여 풍화 과정이 느리다. 그 이유는 동일한 체적에서 수많은 작은 결정표면적의 합이 하나의 큰 결정표면적보다 훨씬 넓기 때문이다. 1mm의 입자가 0.1mm 입자로 깨지면 천 배에 달하는 표면적으로 증가한다.

(2) 결정의 형태가 판상(platy)이면 덩어리 형태보다 풍화 작용에 유리하다. 결정이 결정면(face)에 가깝다는 것은 풍화면에 가깝다는 뜻이다.

(3) 광물의 기하학적 격자가 완전한 결정이면 풍화 작용에 대한 저항력이 크다. 그 이유는 기본원자가 제자리에서 안전하게 배열되어 있기 때문이다. 결정구조에 결함이 있으면 결정이 엉성하거나 구성원자들이 제대로 정착되지 않을 수 있다. 따라서 결함이 많을수록 광물은 쉽게 풍화된다. 결정표면은 결합력이 다소 미약하며 특히 결정능(結晶稜, crystal edge)에서 반응은 최대이다. 이것이 작은 크기의 결정이 하나의 큰 결정보다 풍화를 빠르게 받는 또 다른 이유이다.

암석이 치밀하고 탄탄하며 수분이 암석표면에만 접촉하는 것보다 암석이 투수성이고 수분이 모든 입자 전체에 접촉하면 풍화 작용은 보다 급속하다. 투수성이 높은 석회암이 괴상의 암석보다 용해가 보다 빠른 이유이다.

2. 조암광물

지표의 25%는 화성암이며 화성암의 92%는 소수의 광물로 구성되고 나머지 8%는 부성분(accessory)광물로 되어 있다. 지표의 75%는 퇴적암이며 **표 1**에서 퇴적암에서 석영이 구성광물로 높은 비율을 차지한다. 동시에 화성암에서 출현하지 않는 광물들, 즉 방해석, 리모나이트(limonite, 갈철광, $2Fe_2 O_3 3H_2 O$), 점토 및 운모 등이다.

(1) **석영**(石英, Quartz)은 규산염광물로 화학성분이 SiO_2 (Silicon dioxide)이다. 사암(sandstone)에서 가장 풍부한 광물일 뿐 아니라 산성암에서 용량으로 전체부피의 30%를 차지하며 화강암의 필수 광물이며 많은 변성암에도 존재한다. 모든 퇴적암에도 소량으로 발견된다. 마그마에서 최후로 결정되는 광물이다. 석영은 화학적 풍화 작용인 가수분해에 대한 저항력이 대단히 강하여 모래알 크기의 광물로 부서지는 입상붕괴(grannular disintegration)의 대표적인 형태이다(**그림** 7과 **그림** 20). 또한 쪼개짐과 굴절현상이 없으며 바람이나 유수에 운반되어 마모되지 않을 뿐더러 물리적 풍화에도 강하다. 풍화 단면에서 석영의 비율은 지표로 갈수록 증가한다. 염기성암 중에는 잘 나타나지 않는다.

그림 20. 사암에서 기원한 석영입자(입자의 지름은 1mm)
석영은 단단하여 마식에 대한 저항이 크며 바다로까지
운반되어 사암을 형성한다.

  (2) **장석**(長石, Feldspar)은 알루미늄-규산염광물 그룹으로 주요성분으로는 여러 종류의 장석으로 그 중 정장석(正長石, orthoclase)과 미사장석(微斜長石, microcline) 그리고 사장석(斜長石, plagioclase)으로 구분된다. 정장석과 미사장석은 $K_2O. Al_2O_3 .6SiO_2$ 분자식을 가진 칼리장석(potash feldspar)이다. 나트륨이 풍부한 사장석은 알바이트(albite)와 아노르다이트(anorthite)고용체[19]로 되어 있다. 양자는 임의의 양이 섞여서 서로 다른 여러 종류의 사장석을 만든다.[20] 장석광물은 화성암과 변성암류에 풍부하고 퇴적암류에서는 보편적으로 나타나지 않는다.[21] 장석은 쉽게 풍화되며 건조 지역에서 입상붕괴로 해체되어 화학적 변질 없이 암설로 운반된다. 빙성 지역(glacial region)의 풍화 작용은 물리적 풍화가 탁월하므로

---

19) 광물에 있어서 화학조성이 변화하는 광물을 고용체(固溶體, solid solution)라고 한다.
20) 여기에는 올리고클라스(oligoclase), 안데신(andesine), 라브라도라이트(labradorite), 비토나이트(bytownite) 등이 있다.
21) 사암 중에는 장석사암(arkose)과 잡사암(雜砂岩, graywacke)에서 다량으로 관찰된다.

장석성분이 많은 암설이 존재한다. 장석은 석영보다 빠르게 풍화되어 풍화의 진행에 따라 석영보다 먼저 없어진다.

(3) **운모**(雲母, Mica) 화성암의 조암광물로서는 흑운모(黑雲母, biotite)와 백운모(白雲母, muscovite)의 2종류가 있다. 운모는 판상의 결정격자로서 입자가 쉽게 박편으로 쪼개지는 경향이 있다. 분자식은 흑운모가 $(OH)_2K(Mg, Fe)_3Al_3 SiO_{10}$이고, 백운모는 $(OH)_2KAL_2 (AlSi_3 O_{10})$이다. 운모광물은 화강암에서 특히 풍부하고 화성암, 변성암에 많으며 퇴적암에서도 많이 발견된다. 운모는 운반과정에서 마모가 되므로 풍성퇴적층이나 풍성사암층에서는 빈약하다.

운모는 쪼개짐면에 따라 침투하는 수분의 공격에 약하며 이온교환이 잘 발생하고 구조의 변화 없이 2차광물인 클로라이트(chlorite) 또는 점토광물로 변질이 용이하다. **그림 21**은 토양의 박편으로 본 운모의 쪼개짐인데 화학적으로 변질되지 않은채 물리적(기계적)으로 붕괴되는 모습이다. 운모입자의 중앙부에는 결정축과는 대칭인 수직으로 깨어진 상태이고 가장자리는 화학적으로 변형된 모습을 보인다. 운모조각에서 방출된 미량의 철분으로 붉게 착색되어 있음을 보여준다.

표 5. 화성암과 퇴적암의 광물 구성비율(%)

광물종류	광물비율	
	화성암(Clarke, 1924)	퇴적암(Jeffries, 1947)
장석　Feldspar	59	7
각섬석　Amphibole	17	–
석영　Quartz	12	38
운모　Mica	4	20
탄산염　Carbonate	–	20
점토　Clay	–	9
갈철석　Limonite	–	3
부속광물　Accessory	8	3

(4) **감람석**(橄欖石, Olivine)은 현무암과 초염기성 화성암에서 발견된다. 감람석은 Mg_2SiO_4와 Fe_2SiO_4의 고용체로서 $(Mg, Fe)_2 SiO_4$로도 표현된다. 쪼개짐면이 없지만 불규칙한 균열이 많아 풍화 작용에 약한 광물이다. 담수 환경과 토양 내에서 풍화 진행이 빠르다.

(5) **휘석**(輝石, Pyroxene)은 규소8면체의 결정격자를 가진 광물로 중성 내지 염기성 화성암에서 나타나며 dolerite, basalt 등의 염기성 암석은 거의 전부 휘석으로 구성되고 퇴적암에는 빈약하다. 결정체에서 쪼개짐면이 발달되어 풍화 진행이 급속하여 점토광물로 변질된다. 성분은 $CaMgSi_2 O_6$과 $(Mg, Fe)(Al, Fe)_2 SiO_6$의 고용체이다.

(6) **각섬석**(角閃石, Amphibole, Hornblende) 규소8면체(silica tetrahedra)의 결정 구조를 가진 광물로 화성암(섬록암, 안산암)에서 보편적으로 나타나며, 일반 화학식은 $(Ca, Na)_2(Mg, Fe, Al)_5(Al, Si)_8O_{22}(OH)_2$이다.

휘석과 각섬석보다는 풍화에 대한 저항이 크다. 각섬석은 장석보다 풍화의 속도가 빠르며 풍화 작용이 진행함에 따라 보다 급속하게 사라진다. **표 1**에서와 같이 각섬석과 장석의 비율을 보면 장석이 압도적으로 증가한다.

(7) **방해석**(方解石, Carbonates, Calcite) 분자식 $CaCO_3$ 은 비금속광물의 하나로 무색 또는 백색으로 유리광택을 보인다. 탄산염광물로 석회암과 석회질 퇴적암류에서 보편적으로 나타난다. 대리암(大理岩, marble)은 돌로마이트(dolomite)와 더불어 압력과 열의 작용으로 방해석 결정들의 집합체인 결정질석회암(crystalline limestone)이다. 방해석은 일반광물 중에서 가용성이 가장 큰 광물로서 석회암은 카르스트(Karst)라는 현저한 지형을 형성한다. 돌로마이트는 풍화 작용과 속성작용의 최후생산물로 방해석보다 체적이 크며 침식에 대한 저항이 크므로 높은 지형을 형성한다. 방해석이 돌로마이트로 변성할 때 팽창현상은 물리적 풍화 작용을 일으킨다. 아라고나이트(aragonite)는 가용성 광물을 포함한 석회암이다.

그림 21. 흑운모의 물리적 풍화

얼음렌즈(ice lens)에 의하여 흑운모광물이 결정방향에 대하여 대칭으로 ↑ 쪼개지고 있다.

3. 점토광물

점토는 토양을 구성하는 가장 미세한 물질로서 암석이 풍화 작용을 받으면 그 속의 규산염(silicates)이 분해되어 알루미늄의 수산화물인 SiO_2와 $Al(OH)_3$로 된다. 그러나 풍화 단계의 초기에는 먼저 K, Na, Ca 같은 강한 알칼리성 물질이 유실되고 후기에는 SiO_2와 $Fe(OH)_3$, $Al(OH)_3$나 Al, Fe 등 규산화합물이 남는다. SiO_2와 $Al(OH)_3$는 졸(Sol) 상태로 오랫동안 존재하지 않고 다수의 토양입자가 엉겨서 비교적 큰 규산반토($SiO_2 + Al_2O_3$)로 된 복합체인 겔(Gel)로 된다. 이것이 안정된 점토이며 자연 토양 내에 있는 점토는 교질(膠質, colloid)이다. 모든 교질점토는 결정체이며 지표의 환경에서 생성된 것이어서 화학적으로 대단히 안정하다. 모래와 실트 등은 미세하게 분쇄된 변화하지 않은 1차광물이지만 점토는 1차광물이 화학적으로 변질되어 생긴 것이다. 점토광물은 토성(土性, soil texture)을 지배하는 기본물질이다. 점토는 규산과 알루미늄이 일정한 간격으로 배열되어 결정을 형성하고 있다.

점토는 직경 2μ 이하의 미세한 입자를 많이 함유한 물질로 토양생성 과정에서 생긴 2차광물(secondary minerals)로 대부분이 규소알루미늄(aluminosilicates)이다. 규소원자들은 4면체이고 알루미늄원자들은 8면체이다. 알루미늄은 지각에 있어서 산소와 규소다음으로 세 번째로 풍부한 요소이다(8.13%). 알루미늄은 3개의 잃어버린 전자들과 6개의 산소원자를 견인하고 8면체로 형성된다(**그림 21**). 규소 4면체와 알루미늄 8면체는 점토광물의 기본형성단위이다. 점토광물을 이해하기 위해서는 원자수준의 구조를 관찰하는 것이 필수적이다.

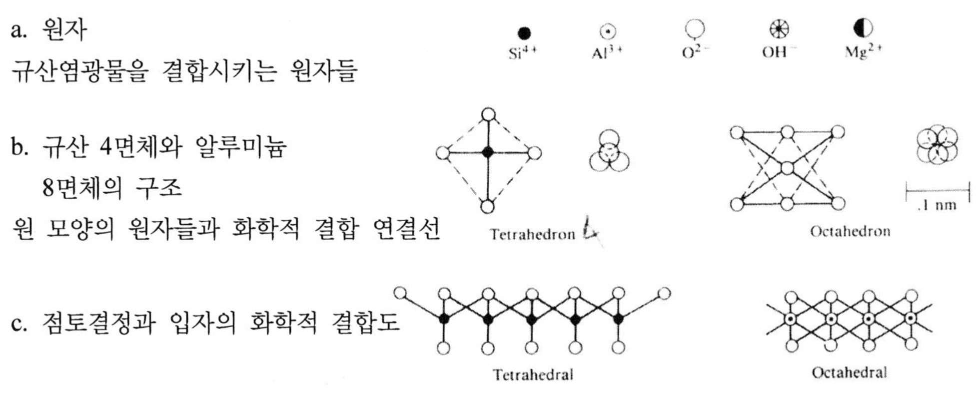

그림 22. 점토광물의 단위 모식도

규산 4면체는 산소원자들의 층으로 되어 있고 알루미늄 8면체도 동일하다. 4면체와 8면체의 층들은 서로서로 끼어서 층으로 구성되는데, 이들 층들은 서로 다른 층의 꼭대기에 위치하여 다양한 점토광물을 형성한다. 층들은 산소원자에 의해 결합돼 있다.

규산염 점토광물(Silicate Clays)은 규산 4면체층과 알루미늄 8면체층의 숫자에 따라 다수의 그룹으로 나눈다. 예를 들면 카올리나이트(kaolinite)는 하나의 규산판과 하나의 알루미늄판을 가진 반면 스멕타이트(smectites)는 2개의 규산판과 하나의 알루미늄판을 가지고 있다. 클로라이트(chlorite)는 2개의 규산판과 한 개의 알루미늄판을 가지고 있는데 규산판에 인접하여 마그네슘 원자층이 붙어 있다(**표 6**).

표 6. 점토광물의 화학조성

광물(Mineral)	화학조성(Formula)
Kaolinite	$Al_4Si_4O_{10}(OH)_8$
Halloysite	$Al_4Si_4O_{10}(OH)_8 \cdot 4H_2O$
Smectite Montmorillonite	$(Al_3Mg)Si_8O_{20}(OH)_4$
Nontronite	$Fe_4(Si_7Al)O_{20}(OH)_4$
Saponite	$Mg_6(Si_7Al)O_{20}(OH)_4$
Vermiculite	$Mg(Al, Fe, Mg_4)(Al_2Si_6)O_{20}(OH)_4 \cdot nH_2O$
Chlorite	$Mg_6(OH)_{12} \cdot (Al, Mg_5)(Al_2Si_6)O_{20}(OH)_4$

점토결정을 전자현미경으로 보면 모든 결정은 2가지 형태로 되어 있다. 즉, 2개의 층과 3개의 층으로 구성된다. 2개 층의 형태는 SiO_2층 하나와 Al_2O_3층 하나로 되어 있고(1 : 1 격자형, 1 : 1 lattice type), 3개 층의 형태는 2개의 SiO_2층 사이에 1개의 Al_2O_3층(2 : 1 격자형, 2 : 1 lattice type)이 끼여 있다(**그림 22**).

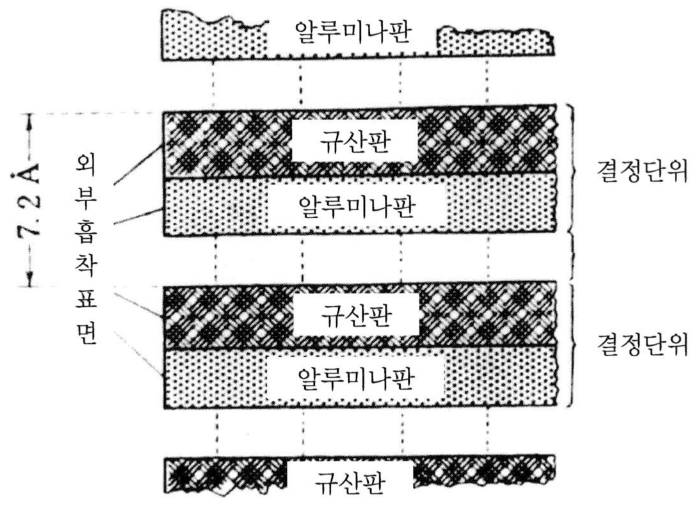

그림 23. 1:1 격자형 점토광물(kaolinite)

1) 규산염 점토광물의 가장 단순한 형태는 **카올리나이트**(Kaolinite)로서 1 : 1 격자형 광물의 대표적이다. 2개의 층이 겹쳐서 1개의 단위를 형성한다(**그림 23**). 하나의 카올리나이트층은 0.71mm 두께이고 단위길이 0.71mm의 3천 배는 0.002mm 입자를 만든다(조성진 외, 1985).

카올리나이트에 속하는 점토광물로는 나크라이트(nacrite), 딕카이트(dickite), 할로이사이트(halloysite) 등이 있다(**그림 22**). 점토광물이 형성될 때에는 주변에 철분(Fe)과 마그네슘 및 양이온이 존재하고 있어서 이들은 알루미늄 8면체에서 Al로 대치된다. 이러한 과정에서 새로운 광물이 만들어진다. 규산 4면체는 여러 가지 방법으로 서로 연결되어 성질이 다른 점토광물을 형성한다. 카올리나이트의 규산 4면체의 구조변이는 Si 대신 Al로 대치된다. 이것을 동형치환(同形置換, isomorphous substitution)[22]이라 하며, 이러한 현상이 발생할 때에는 4면체 구조 내에서 전하(電荷, charge)의 평형이 깨지는데, Na, K, Ca, Mg 같은 양이온(cation)의 도입에 의하여 충족된다.

---

22) 점토광물의 표면은 음전기상태로 존재하기 때문에 각종 양이온에 흡착력을 가진다. 동형치환은 형태상 변화 없이 내부의 이온들이 외부이온과 치환되는 현상이다.

그림 24. 전자현미경으로 본 할로이사이트 결정(halloysite crystal)

카올리나이트는 비팽창격자형 광물이며 결정단위 사이에 K^+가 존재하여 수분을 통과시키지 못하기 때문에 결정단위 사이에 간격이 변하지 않는 점토광물이다.

열대 지방의 적색토나 온대 지방의 회색포드졸 토양에 분포하는 주요 점토광물이다.

2) **몬모릴로나이트**(Montmorillonite)와 스멕타이트(smectite)는 2개의 규산층이 한 개의 알루미늄층의 상하에 위치하여 2:1 격자형이고 층과 층은 Si와 Al이 공유한 산소(O)원자에 의해서 단단히 결합되어 있다. 몬모릴로나이트는 팽창형 격자광물이며 수분이 결정단위인 층과 층 사이를 자유로이 드나들 수 있으며 습할 때에는 결정단위와 단위 사이를 팽창시키고 건조할 때에는 수축시켜 단위 사이를 밀착시킨다(**그림 24**). 건조하였을 때 층간길이는 3Å이며 가장 많이 습윤되었을 때 14Å로 된다.

쉽게 팽창하기 때문에 (+)이온과 물 분자는 스며들어 갈 수 있고 내부 흡착력도 강하여 카올리나이트에 비하여 10－15배에 달한다. 또한 금속이온을 많이 함유하고 있어서 토양비옥도가 높은 편이다. 몬모릴로나이트는 온난하고 건조한 지역의 점토입자에서 우세하게 관찰되며 저습지나 평지의 체르노젬(Chernozem)토양, 프레리토, 흑색토 등에서 많이 나타나고 알칼리 환경에서 잘 형성된다.

3) **버미큐라이트**(Vermiculite)는 스멕타이트와 같이 2 : 1격자형 광물로 사장석과 운모류의 풍화 과정에서 형성되는 것으로 배수가 잘되는 환경에서 관찰된다. 온대 습윤한 지역에서 안정된 광물이다. 버미큐라이트 결정의 층간은 1.0－1.5nm이고 그 공간에는 Mg과 물분자가 차지하고 있다. 버미큐라이트층들이 보다 단단히 결합되어 있어서 물분자와 양이온의 종류가 스멕타이트보다 제약되어 있으며 팽창도 제약된다.

4) **클로라이트**(Chlorite)는 일반적으로 2 : 1 격자형 광물과 1 : 1 격자형 광물의 두 종류를 합친 것이 결정단위를 이룬 것으로 비팽창형 광물이다. 마그네슘 수산화물 $Mg_6(OH)_{12}$인 브루사이트(brucite)는 2 : 1 격자형 층위이다. 여러 종류의 클로라이트 광물은 1 : 1 격자층위와 2 : 1 격자층위의 규산 4면체 및 알루미늄 8면체에서의 동형치환의 종류 및 양에 따라 다른 광물이 만들어진다. 클로라이트는 풍화작용에서 생긴 조립의 1차 클로라이트의 분산과 관련된 복합점토 광물로 생성된다. 흑운모의 풍화 작용의 초기에 형성되는 광물인데 배수가 불량한 환경과 관련이 있으며 외적 작용에 의한 풍화가 없어도 생성이 가능하다. X－ray 회절분석에서도 버미큐라이트와 구별하기가 어렵다.

5) **일라이트**(Illite)는 몬모릴로나이트와 같은 2 : 1 격자형 점토광물로 알루미늄층의 Al이 Fe, Mg에 의한 치환이 적고 규산층의 Si 원소 가운데 15%가 Al에 의해서 치환된 것이 다르다. 일라이트는 양전하의 부족을 충족시키는 양이온이 K^+이며 결정단위의 양이온은 비치환성이다. 일라이트 광물이 많은 토양은 젊은 토양이며 풍화 작용과 용탈이 많은 토양은 카올리나이트 점토광물이 많은 경우이다. 강우량이 적어서 용탈이 진전되지 않은 건조지대 토양의 점토광물은 일라이트와 몬모릴로나이트 광물이 풍부하다. 한국은 강우량이 많아서 용탈이 진전되어 카올리나이트와 할로이사이트가 대표적인 점토광물이다. 포드졸 토양에서도 관찰된다.

6) 그 밖의 점토광물로는 철분의 수산화물인 헤마타이트(Hematite, Fe_2O_3), 괴타이트(Goethite, $Fe_{00}H$), 화성암 풍화 작용에서 생겨난 깁사이트(Gibbsite, $Al(OH)_3$) 등이 토양광물로서 보편적이다. 비정형광물(非晶型鑛物, Allophane minerals)은 광물 X－ray 관찰에 의하여 일정한 결정형이 나타나지 않는 광물로서 규산 4면체나 알루미늄 8면체 등이 불규칙한 결합을 보이는 점토광물이다. 화산암 풍화 토양에 많이 함유되어 있다.

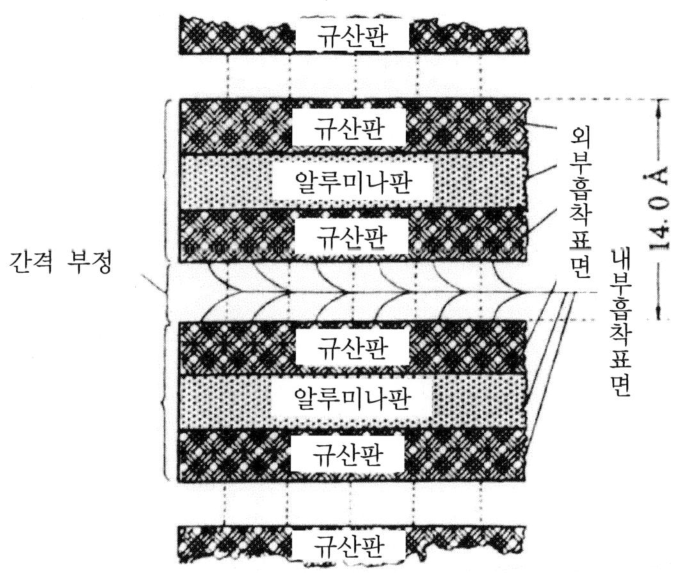

그림 25. 2 : 1 격자형 점토광물(montmorillonite)

4. 점토광물의 중요성

토양학에서 점토광물의 중요성은 점토광물이 전하(charge)를 갖고 있다는 것과 막대한 표면적(surface of clay)이 존재한다는 것이다. 점토광물의 표면에는 음전하를 띠고 있어서 각종 양이온에 대한 흡착력을 가진다. 전기적인 입장에서 전하를 가진 물질은 오랫동안 존재하지 못하므로 양이온이나 유기복합체 또는 전하된 분자들은 점토광물을 흡착한다. 동형치환은 형태상의 변화 없이 형태 내부의 이온들이 다른 외부의 이온과 치환되는 현상이다. 양이온치환능(陽—이온 置換能, cation exchange capacity, CEC)은 염기성 이온을 흡착하는 능력과 물을 흡수할 수 있는 능력이다. 점토광물은 구조의 변이성 때문에 고정된 치환능(CEC)을 갖지 않으며 그 범위는 여러 가지 요소에 영향을 받는데 특히 산도(pH)에 의해 좌우된다. 카올리나이트는 구조가 단단하여 동형치환이 발생하지 않고 몬모릴로나이트와 버미큐라이트는 Si가 Al에 의한 다량의 동형치환을 가지고 있어서 많은 치환부위를 제공하며, 따라서 CEC도 높다. 이온치환능은 광물의 구조와 화학적 구성 그리고 환경이다. 대부분의 경우 치환 이온 중 가장 대표적인 것은 Ca이다.

점토광물이나 유기물질의 표면은 토양 내에서 가장 많은 반응이 발생하는 장소이다. 주어진 부피, 즉 체적(volume)에 표면적이 많을수록 토양반응(또는 풍화 작용)은 활발하고 빠르다. 단위표면적은 입자크기가 감소할수록 크게 증가한다. **그림 26**에서와 같이 한 변이 1m인 정육면체의 전 표면적은 6㎡이고 체적은 1㎥이다 (a). 정육면체가 한 변이 0,5m로 8개의 정육면체로 나누어지면 체적과 질량은 같으나 표면적은 12㎡로 배가된다(b). 점토크기까지(나노(nm) 단위의 두께와 넓이로) 수없이 되풀이하면 막대한 표면적을 가진다(20 – 80㎡ / g).

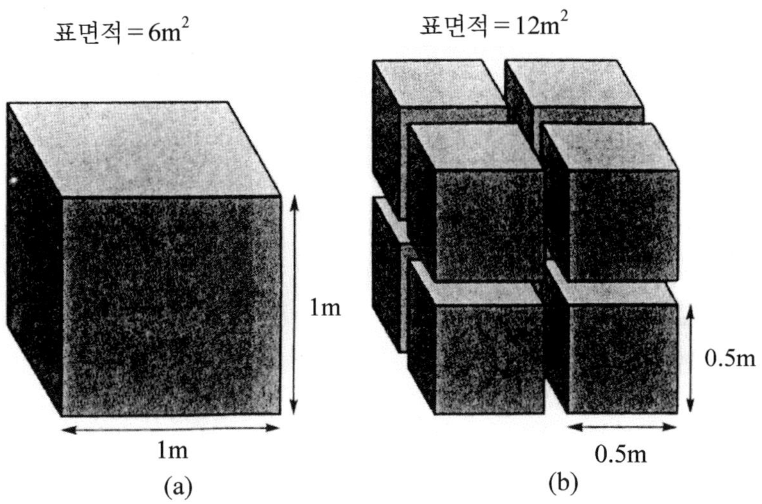

그림 26. 입자의 수가 많을수록 증가하는 표면적 모식도
하나의 질량에서 작은 입자로 쪼개지면 체적은 같으나 표면적은
기하급수적으로 늘어난다.

광물은 물리적인 마식(磨蝕, abrasion)에 의하여 깎인다. 광물의 단단한 정도(굳기), 즉 경도(硬度, hardness)는 다양하다. 광물의 종류에 따라 경도의 차이는 동일하지 않고 비교는 가능하다. 모스(Mohs) 굳기는 비교적 흔한 광물 10종류를 선택하여 그 굳기의 차례대로 1 - 10등급을 두고 있다. 이것을 모스 굳기계(Mohs hardness scale)[23]라 한다(**표 4**). 굳기 3의 방해석은 굳기 7의 석영에는 긁히지만 굳기 2의 석고를 긁을 수 있다.

각 등급은 순서대로 나열된 것이며 비례하지는 않는다.

표 7. 모스 굳기계

1. 활석	2. 석고	3. 방해석	4. 형석	5. 인회석
6. 정장석	7. 석영	8. 황옥	9. 강옥	10.금강석

---

23) 보통 사람의 손톱은 굳기가 2.5, 동전은 3.5, 못은 4.5 쇠칼은 5, 창유리는 5.5이다.

5. 점토 조성과 풍화 환경

환경은 물리 및 화학 풍화 작용의 강도와 이들의 상대적 비중 그리고 화학적 풍화의 경우에는 어떤 종류의 이차광물 점토를 만드는 선까지 진전되는지를 규제하고 있다. 풍화 환경은 풍화 생성물인 점토 조성에 적극적으로 반영된다. 화강암 풍화층의 점토에서 석영, 장석 등 일차광물 점토의 비율이 높다면 이는 물리적 풍화 환경을 반영하고 카올리나이트 중심의 이차광물의 점토가 많다면 화학적 풍화가 활발한 고온다습의 환경에서 만들어졌음을 보여준다. 여기에서 풍화 환경 요인으로는 기후와 배수조건, 염기성 물질의 존재 여부가 중요하다. 기온교차가 심하고 기온이 낮을수록 물리적 풍화 작용이 현저하고 그 반대이면 화학적 풍화가 우세하다. 동시에 물리, 화학 풍화 작용 모두가 수분함량이 높고 배수가 양호하면 유리하게 진행된다.

열대습윤 기후는 화학적 풍화 작용으로 카올리나이트와 깁사이트 중심의 이차광물 점토가 생성되고 기온이 낮고 상대습도가 높은 한랭 습윤한 환경은 물리적 풍화 작용이 강하여 일차광물의 점토가 생성된다. 열대환경은 두께가 30m 이상의 풍화 토층을 만들어 조암광물이 카올리나이트 단계까지 도달한다. 버미큐라이트, 클로라이트 등 풍화 초기에 만들어지는 점토는 열대환경에서는 안정한 상태에 존재할 수 없어서 곧 스멕타이트, 카올리나이트로 되기 때문에 거의 나타나지 않는다. 온대습윤 기후는 암석의 화학적 풍화 작용이 열대에 비하여 약하므로 풍화층의 두께가 깊지 못하고 점토의 함량은 다소 낮다. 여기에는 버미큐라이트, 스멕타이트, 클로라이트 등이 주축을 이루고 카올리나이트는 미약하다.

한랭기후 환경은 화학적 풍화 작용의 진행이 매우 느리기 때문에 점토의 생성은 제한된다. 이러한 환경에서는 물리적 풍화 작용이 강하게 진행되면 석영, 장석 등 일차광물이 점토 크기까지 쪼개질 수 있다. 그리고 클로라이트, 버미큐라이트 등의 이차광물 점토는 낮은 비율로 관찰된다. 건조기후 환경은 암석풍화 작용에 필요한 수분이 부족하므로 암석풍화 작용은 불리하다. 온도변화 또는 일사에 의한 풍화 작용과 물리적 작용으로 입상붕괴 현상이 탁월하고 암석의 절리로 분리된 암괴 생성이 양호하다. 수분이 있는 곳은 클로라이트, 스멕타이트와 같은 염기성 환경에서 추출된 이차광물 점토가 발견된다. 오늘날 건조 지역과 온대, 냉대 지방 등에서 카올리나이트가 다량으로 포함된 풍화층이 발견되는 사실은 고열대성 기후환경에서 형성된 것이 잔존된 화석적인 경우이다.[24] 같은 기후 지역이라도 배수가 잘되는 사면과 불량한 곡저와 저습지에서 생성되는 점토의 종류는 다르게 나타난다 (Duchaufour, 1982, 오경섭, 1989).

6. 점토광물과 기후

강우량이 많고 물의 배수가 원활한 지역은 풍화 작용이 극심하며 여기에 대기의 온도가 높으면 풍화가 더욱 활발하다. 카올리나이트조차 불안정하게 되어 카올리나이트 내부에 있던 Si^{+4}는 빠져나와 $Al(OH)_3$와 같은 알루미늄 수산화 광물을 생성시킨다. 이 광물을 깁사이트(gibbsite)라고 한다. 깁사이트가 포함되어 있는 이러한 토양을 라테라이트 또는 보크사이트(bauxite)라고 한다. 이러한 알루미늄으로 이루어진 토양은 매우 극심한 풍화를 받았다는 것을 알려주고 있다.

풍화에 영향을 미치는 환경요인으로 중요한 것은 이미 언급한대로 기후이고 배수조건 또한 염기성 물질의 존재여부를 들 수 있다. 석영, 장석 및 운모류 등의 일차광물 점토가 생성되는 동파작용(凍破作用)은 오늘날 겨울에 결빙이 가능한 지표에서 50cm 미만 깊이에서 국한된다. 그런데 조사연구에 의하면 7cm 이상에서 관찰이 가능하다는 사실은 근본적으로 토양의 결빙작용이 최소한 이 정도 깊이까지 진전될 수 있었던 고기후 환경을 반영하고 있다. 이와 같은 고환경(古環境) 기후의 존재를 결빙구조 연구에서 인식되고 있다. 일차광물의 점토에는 화학적 풍화에 미약한 장석류와 운모류도 함유된 사실은 과거의 한랭기후 특히 제4기의 빙기의 상황으로 파악이 가능하며 빙기가 끝난 후 화학적 풍화작용이 활발치 못한 현

---

24) 지질시대 제3기 말에는 북극과 남극조차 빙하가 없을 정도로 기후가 온화하였고 제4기에는 빙기와 간빙기가 되풀이하여 세계의 기후대 위치가 변동했었다.

상을 보여 준다. 카올리나이트 중심의 이차광물과 일차광물의 공존현상은 두 가지 유형은 기후환경과 관련된 다성인적 과정(polygenetic processes)을 거쳤음을 의미한다.

6 암석의 풍화 작용

　　암석은 광물로 이루어져 있으며 암석의 풍화 작용은 단순히 구성광물의 풍화 작용으로만 설명되지 않고 보다 훨씬 복잡하다고 생각된다. 암석의 풍화 작용은 암석의 투수성과 다공질에 의하여 규제된다. 입자로 구성된 퇴적암은 높은 투수성으로 인하여 모든 광물입자가 풍화 작용에 노출되나 괴상의 화성암은 투수성이 미약하여 암석표면이나 절리의 간격이 큰 부위에서만 풍화 작용이 집중된다. 암석의 풍화 작용은 암석의 다공질과 투수성에 영향을 주는 암석의 구조들과 구성입자 사이의 공간크기 및 입자의 결합 정도에 의하여 좌우된다.

1. 퇴적암의 형성

　　지표에 나타난 암석은 표면으로부터 끊임없는 풍화 작용과 침식 작용을 받음으로써 암석의 파편과 암설(岩屑, debris) 또는 수용액으로 되어 원암(原岩)에서 분리, 변질된다. 이렇게 분리된 물질과 여러 종류의 생물의 유체가 육지에 또는 해저에 쌓여서 만들어진 암석이 퇴적암(堆積岩, sedimentary rock)이다. 육지표면의 암석 중 퇴적암이 75%를 차지하고 25%는 화성암으로 되어 있다. 퇴적암은 퇴적물의 다지는 작용(압축작용, compaction)과 굳어지는 과정(induration)에 의하여 형성된다. 퇴적물의 대부분은 해양 퇴적물에서 기원한다. 해저는 거의 수평면으로 이러한 면 위에 퇴적물이 한 겹 한 겹 쌓여서 연속적인 층, 즉 두꺼운 지층(地層, strata)이 형성된다. 층 사이의 면은 퇴적물이 굳어진 후에도 잘 쪼개지는 면을 형성하는데 이러한 면을 성층면(成層面, bedding plane)이라고 한다. 성층면이 촘촘히 배열되면 박층(薄層, thin-bedded)이라 하고 간격이 있으면 괴상이라고 한다. 성층면은 퇴적암의 원래 구조를 가장 뚜렷하게 특징짓는 것이다.

퇴적층을 성층면에 직각으로 자르면 퇴적물의 입도와 색의 변화로 생긴 평행 구조가 나타나는데 이것을 층리(層理, stratification)라고 한다(**그림** 27의 가). 층리의 층은 광물조성, 입자의 크기 및 모양 등이 위와 아래의 층과 구별될 때 분류하게 되며 각 층은 층리면, 즉 성층면으로 분리된다. 층의 두께는 1㎝ 이상이고 1㎝ 미만이면 엽층(葉層, lamina)이라고 한다. 층리면이 다양한 것은 퇴적과정 후 풍화작용과 교란 작용 등에 의한 것이다. 초기의 층리와 다르게 된 것은 가짜층리(僞層理, pseudo bedding)라고 한다.

퇴적물질의 이동이 크면 평행하지 않은 구조가 발달하는데 이를 사층리(斜層理, cross bedding)라 한다(**그림** 27의 나). 이러한 구조는 바람이나 물이 한 방향으로 유동하는 곳에 쌓인 지층이다. 일반적으로 수심이 얕은 물속이나 사막의 사구형성 환경에서 볼 수 있는 퇴적구조이다.

퇴적암은 사암, 셰일 및 역암 등의 쇄설성 퇴적암(clastic sedimentary rocks)과 석탄, 석회암, 백악(chalk) 등 유기적 퇴적암 그리고 석고(gypsum), 처트(chert), 암염(rock salt) 등의 화학적 기원의 퇴적암으로 분류된다.

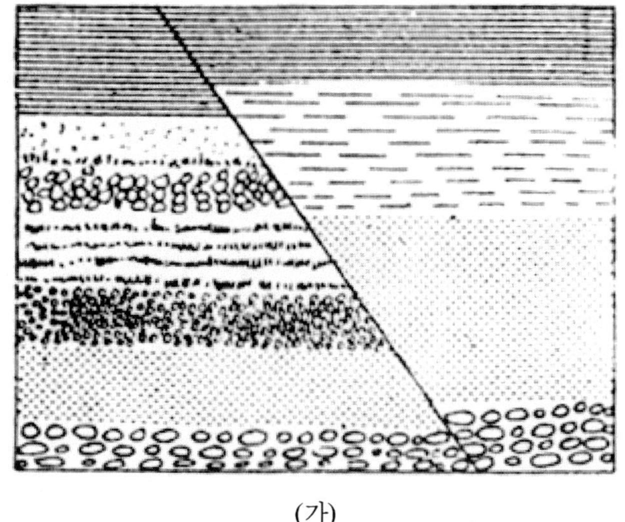

(가)

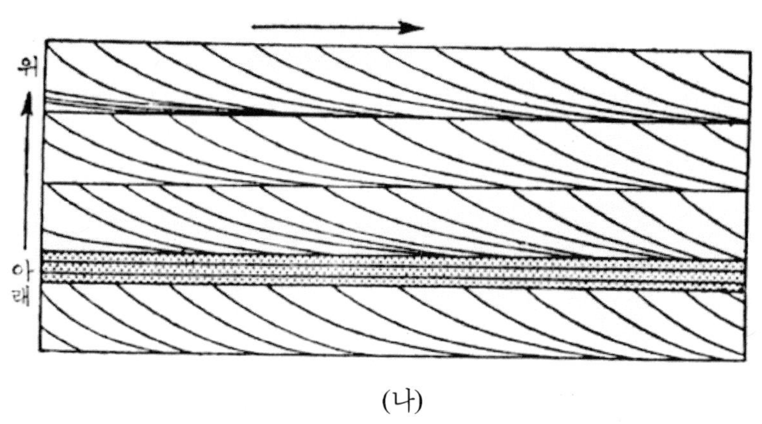

(나)

그림 27. 층리(가)와 사층리(나)

화살표는 물이 흐른 방향이다.

1) 퇴적암의 풍화 작용

(1) **사암**(砂岩, sandstone)은 모래입자가 고결된 암석으로서 그 주성분은 석영입자이며(석영사암, quartz sandstone) 소량의 점토 및 장석, 운모 기타 광물이 들어 있다. 사암은 간격이 큰 절리와 지층면과 사층리를 가지고 있다. 사암의 풍화 작용은 모래입자에 대한 공격과 고결상태에 대한 것이다. 광물의 고결상태는 변질되나 석영으로 된 모래알갱이는 단단하여 영향을 덜 받는다. 방해석으로 된 사암은 주로 용해작용에 의하여 영향을 받으며 석영질의 사암보다 석회암처럼 풍화된다. 점토가 포함된 사암의 풍화 작용은 점토의 세탈 작용(洗脫作用, eluviation)과 붕괴에 따른 것이다. 철산화로 고결된 것은 수화되어 수산화물로 되며 사암 내에서 철분의 이동으로 인한 응결체(凝結體, concretion) 또는 집적물을 형성한다. 사암은 전반적으로 투수성이 높아 다량의 물을 흡수하여 한랭한 지역에서는 동결파쇄에 의한 풍화 작용이 탁월하다. 사암의 절리와 성층면 그리고 다공성으로 인한 수분흡착의 다양성은 물리적 풍화 작용을 촉진한다(**그림 28**). 사암은 풍화되어 암괴 또는 박리형태로 되면서 부서진다(괴상의 사암은 현저한 박리형태를 취한다). 차별적 풍화 작용은 상자 모양이나 동물 형태, 타포니(tafoni) 모습으로 관찰된다. 일반적으로 사암은 풍화에 대한 저항력이 크므로 돌출한 지형을 이루거나 험준한 산악지형으로 나타나고 있다.

그림 28. 사암과 셰일의 풍화 지형

암괴로 분리되는 사암층(윗부분)과 입상으로 부서지는 셰일암층(아랫부분)이 차별적
모습을 보인다.

(2) 운모를 포함한 점토광물로 된 암석으로는 **셰일**(shale), **이암**(mudstone) 및
이회암(marl) 등이 있는데 이들은 방향성을 가지고 있으며 성층면이 뚜렷하며 여
기에는 절리를 따라 쉽게 쪼개진다. 풍화 작용은 암석의 단면의 틈을 따라 깊이
진행된다. 암석은 암괴로 분리되며 암석표면이 많이 풍화를 받는다. 셰일의 수평구
조의 층리는 수분통과가 어려우나 지층이 경사지면 수분침투가 용이하다. 셰일은
층리가 발달되어 보통 성층면에 따라 잘 쪼개지는 성질이 있다(**그림 28**).

탄산염과 석회분을 많이 포함한 이회암과 석회질의 셰일은 암석단면의 표면으로

부터 밑으로 탈석회작용(decalcification)이 진행되어 표면에 불용성의 찌꺼기가 집
적된다. 한랭한 지역에서는 결빙 풍화 작용이 우세하여 규모가 큰 애추(崖錐, talus)
가 형성된다. 열대 지방에서는 불규칙한 풍화 전선(風化前線, weathering front)을
보이는 심층풍화 단면이 보편적으로 관찰되며 점토광물의 완전한 변질과 이온의
이동으로 라테라이트 토양단면을 나타낸다. 철분의 집적은 단단한 철반토(鐵礬土,
iron－pan or ferricrete)와 규반토(硅礬土, silcrete)를 만든다. 연암질(軟岩質)의 점
토와 셰일은 다른 암석보다 침식과 풍화가 빠른 반면 불투수성이므로 지면유수가
많아 풍화 산물을 곧바로 제거하는 경향이 있다. 경사가 완만한 사면이나 평탄지
의 환경에서는 풍화층이 대단히 깊다. 이암은 뻘과 점토로 되어 있는 암석으로 평
행구조가 없는 점이 셰일과 다르다.

그림 29. 셰일 암석의 차별 풍화 작용에 의한 지형

수평구조의 층리와 수직구조의 절리는 웅장한 탑 형태의 지형을 만들었다.
풍화 작용은 성층면과 절리에 보다 급속하게 진행된다.

(3) **석회암**(石灰岩, limestone)은 육상에 나타난 퇴적암의 약 30%를 차지하고 있다. 백운석(白雲石, dolomite)을 포함하는 석회암은 어느 암석보다 용해도가 높다는 사실이다. 극단적인 기후환경을 제외한다면 용해작용은 석회암의 풍화 작용 인자가 제일 중요하다. 용해작용은 주로 석회암의 절리와 성층면에 집중된다. 이러한 풍화 과정은 '카르스트'라는 지형을 만든다. 대부분의 석회암에는 점토, 석영입자 등의 불순물이 포함되어 있는데 석회암이 용해된 다음 이러한 불순물은 제자리에 남아 철분을 함유한 광물은 산화작용을 받아 석회암지대에는 테라로사(terra rossa)라고 불리는 적색 점토질 잔류토양이 발달한다. 비가용성 불순물의 함유량에 따라서 1m의 테라로사가 생성되려면 3 – 7m의 석회암이 용해되어야 한다.

2. 화성암의 형성

화성암(火成岩, igneous rock)은 그것이 생긴 장소의 깊이를 기준으로 구별하는데 마그마가 지표로 분출하여 급속히 냉각 고결하여 생긴 작은 결정, 즉 비정질(非晶質)의 화산암(volcanic rock)과 지각의 상층부에서 자리 잡은 암맥(dyke), 암상(sill) 및 소규모의 병반(laccolith)[25] 등은 반심성암(hypabyssal rock), 그리고 마그마가 지하 깊은 곳에서 지반으로 관입하면서 큰 광물의 결정으로 정출하여 결정질암석으로 이루어진 심성암(pluton)의 세 종류로 나눌 수 있다. 화성암의 특징에 따라 개략적인 분류는 **표 8과** 같으며 구성광물은 석영, 정장석, 사장석, 흑운모, 각섬석, 휘석, 감람석 등 7가지가 대부분을 차지한다. 이 중에서 무색광물(felsic minerals)은 석영, 정장석, 사장석으로 연한 회색을 가지고 있으며 흑운모, 각섬석, 휘석, 감람석 등은 Fe와 Mg을 포함하고 있어서 색이 어두워 유색광물(ferro – magnesian minerals)이라고 한다.

---

25) 육안으로도 관찰할 수 있는 중간 크기의 결정구조이다.

표 8. 결정 크기에 따른 분류

산성(Acid)	중성(Intermediate)	염기성(Basic)	
조립결정질	화강암	섬장암	반려암
화강섬록암	섬록암		
중립결정질	미화강암	반암	조립현무암
세립결정질	유문암	조면암	현무암
안산암			

화강암 같은 조립질의 심성암은 색이 엷고 산성이며 분출암인 화성암의 대부분은 색이 짙으며 현무암질이다. 사실상 화강암과 현무암은 지각의 보편적인 화성암이다. 폭발에 의하여 지표에 방출, 집적된 파편상의 고결물질을 총칭하여 화산 쇄설물(pyroclastic)이라고 하며 먼지 크기 입자로부터 암괴 크기로 이루어져 있다. 여기에는 스코리아(scoria), 화산자갈(lapilli) 또는 화산재(volcanic ash) 등으로 구성된다(미립자의 쇄설암은 응회암이다). 산성 및 중성의 용암은 다공질의 부석(pumice)과 응결응회암 그리고 유문암 등을 만든다.

1) 화성암의 풍화 작용

(1) 화강암(花崗岩, granite)은 규산염광물인 장석 특히 알칼리장석(정장석, 미시장석), 석영, 운모 등을 주성분 광물로 하는 완정질(完晶質)인 등립질의 암석이며 육안으로도 잘 보인다. 절리가 잘 발달되며 층리는 없다. 유색광물의 양은 10% 내외로 화강암은 담색(淡色)이고 유백색 내지 담홍색이 많다. 화강암은 높은 압력에서 생긴 심성암으로 지면에 노출 시에는 압력개방으로 하중의 제거 현상이 현저하다. 동결작용은 화강암을 암괴로 쪼개며 한랭기후 지역에서 서릿발작용은 결빙과 융해를 활발히 반복함으로써 화강암 기반암에서 분리된 모가 날카로운 암괴와 암설이 완만한 사면을 덮어 암해(岩海, felsenmeer)와 암괴사면(blocks slope)이 흔히 관찰된다(그림 30).

화강암의 화학적 풍화 작용은 다양하며 조정질 암석으로 풍화 작용을 받으면 장석과 운모는 대부분 카올리나이트나 다양한 점토광물로 변질되고 석영은 가수분해에 대한 저항력이 강해서 모래알 크기의 원형대로 남아 있다. 조암광물이 모래알 크기로 부서지는 것을 입상붕괴라고 한다(**그림** 7).

화강암을 이루는 광물 중에서 판상의 형태를 띠는 광물은 흔히 판과 판의 약한 부분을 따라서 발생한다. 흑운모의 경우 변질되지 않은 흑운모를 보면 광택이 뚜렷하며 견고하다. 풍화를 받아 변질되면 흑운모의 색은 담갈색으로 변한다. 풍화에 의해 변질된 흑운모의 판은 중심부에서 어둡게 보이고 변질 부분은 노란색을 띤다. 박편에서 관찰하면 색의 차이는 철이온이 흑운모로부터 유리되면서 발생하는 것이라는 것을 인지할 수 있다. 그 이유는 흑운모로부터 유리된 철분이 쪼개짐면에서 철수산화물로 침전되었기 때문이다. 판상으로 이루어진 흑운모는 풍화 작용에 의해 판과 판의 결합력이 약해져 갈라진다. 이러한 현상으로 화강암 자체의 균열을 촉진시킨다. 흑운모는 계속적으로 풍화되면 최종적으로 카올리나이트와 깁사이트로 변한다.

화강암 기반암이 지면 밑으로 깊게 풍화 작용을 받는 현상은 심층풍화(深層風化, deep weathering)라고 하며 이러한 심층풍화층은 표면상 암석조직이 그대로 관찰되어 손의 압력에도 부서진다. 이른바 새프롤라이트(saprolite)라는 부식암석(腐蝕岩石, rotten rock)[26]이 된다(**그림 31**).

화강암이 지하에서 수분과 접촉하면서 화학적 심층풍화를 받은 후 풍화물질의 탈거와 세식(洗蝕)에 의하여 저기복의 평탄지형이나 침식분지가 발달한다. 순상(楯狀)의 경관이나 돔(dome) 형태의 풍화 전선이 지표면 위로 노출되면서 암석구릉과 석산이 형성된다.

풍화 작용은 절리를 따라 진행되며 분리된 절리 암괴는 구상(球狀, spheroidally)으로 발달하여 중심부에 변질되지 않은 단단한 핵석(核石, corestone)을 형성한다. 화강암의 미지형으로는 타포니(tafoni), 나마(gnamma) 또는 용해와지(solution pan) 등이 있다.

석영이 결여된 조립질의 염기성 암석인 반려암(gabbro)의 화학적 풍화 작용의 결과는 몬모릴로나이트 점토로 변질된다.

---

26) 지방에서는 이것을 '석비레' 또는 마사토라고 부르고 있다.

그림 31. 화강암의 심층풍화층

암석의 조직이 그대로 있으며 손의 지압에도 부서진다.
주로 화학적 풍화 작용의 결과이다.

(2) 현무암(玄武岩, basalt)은 흑색 내지 암회색을 나타내는 세립질의 분출암으로 보다 작은 집적의 형태를 보이고 일반적으로 주상절리를 가진 치밀한 염기성 암석으로 간주한다.

현무암의 풍화 작용은 화강암의 것과 유사하다. 화강암 내에 포함된 조암광물이 현무암에도 포함되어 있을 경우 풍화를 받으면 같은 종류의 풍화 산물이 생성된다. 현무암은 화강암에 비하여 고철질 암석으로 철과 마그네슘의 함량이 많아 풍화의 속도가 화강암보다 빠르다. 화학적 풍화 작용은 주로 암석의 표면에서 발생하는데 현무암의 표면적이 화강암보다 훨씬 더 넓기 때문에 풍화의 속도가 빠르다. 현무암을 이루는 입자의 크기가 화강암보다 작기 때문이다.

주성분광물은 염기성 장석과 휘석이며 이들은 반정(半晶, hypocrystal)을 이룬다. 지면에는 용암류로 나타나며 다공성의 암석이다. 현무암은 화산이 분출한 후에 흐르던 용암이 급속히 냉각되어 형성된 암석으로 현무암 내의 기질은 많은 부분이 유리질로 되어 있다. 이러한 유리질은 비정질로서 화강암의 결정질보다는 변질되는 속도가 빠르다.

현무암은 절리면에서 풍화 작용이 시작되며 결국 구상풍화로 이어진다. 모든 광물들은 풍화 결과로 점토와 철산화물로 변질되고 석영이 없으므로 풍화 산물은 염기가 풍부한 적색 또는 갈색의 중점토(重粘土, heavy soil)이다. 점토를 많이 함유함으로 배수가 불량하고 수분에 젖어 있어서 복잡한 풍화 양상을 보인다. 특히 점토층 내에서 현무암이 불규칙하게 박혀 있는 모습으로 관찰되어 마치 화강암의 핵석 형태로 관찰된다. 원형(圓形)의 모습이 현저한 형태의 현무암 핵석들이 보다 보편적으로 발달하는 것으로 보아(**그림 32**) 심층풍화 작용이 진행되었음을 보여준다.

그림 32. 현무암의 구상풍화
현무암 절리를 따라 진행된 풍화의 결과로 절리암괴 내에 보존되어 있다
(basalt corestones).

조립현무암(dolerite)은 구성광물과 화학적 조성이 현무암과 동일함으로 풍화 작용은 같은 방향이다. 이 암석은 절리발달이 현저하고 대단히 불규칙하다. 풍화 상태는 암석 표면이 매우 거칠며 비교적 단단하다.

유문암(rhyolite)은 석영을 포함한 석영조면암에 유상구조(流狀構造, flow-banded)가 보이는 산성의 분출암으로 풍화 작용으로 모래가 산출된다. 현무암이나 조립현무암처럼 풍화의 진행이 느리며 빈약한 토양이 생성된다. 안산암(安山岩, andesite)은 현무암 다음으로 흔하게 나타나는 화산암으로 담회색이다. 풍화 양상은 현무암과 유문암의 중간성격이다.

3. 변성암의 형성

변성암(變成岩, metamorphic rock)은 이미 존재해 있던 화성암 및 퇴적암으로부터 새롭게 만들어지는 것으로 이러한 암석에 변화를 일으키는 변성작용(變成作用, metamorphism)을 받아 생성된 것이다. 여기에서 변성작용은 암석에 큰 압력이나 높은 온도가 가해질 때 아니면 화학성분의 변화를 초래할 때이다. 암석이 변성작용을 받으면 압력의 방향과 관계있는 평행구조[27]가 발달한다.

1) 편마암의 풍화 작용

(1) 편마암(片麻岩, gneiss)은 석영, 장석, 각섬석, 휘석 등의 광물을 포함한 조립질의 암석이다. 그리고 화강암과 편암(schist)의 중간적 성질이다. 절리가 드물고 화강암처럼 괴상이며 하중의 제거(unloading)가 이루어지지 않는다. 현저한 광물의 배열은 풍화 작용에 장애가 되며 입상붕괴 현상은 거의 발생하지 않는다. 장석편마암의 경우는 괴상을 이루고 층리를 유지하고 있는 것은 풍화된 장석 사암과 구별이 쉽지 않아 소규모의 풍화층 노두로 나타난다(**그림 33**).

---

27) 평행구조에는 쪼개짐, 편리(片理, schistosity), 엽리(葉理, foliation) 등이 있다.

그림 33. 장석편마암의 풍화 노두

흰색 밴드는 석영과 장석이며 흑색 밴드는 각섬석, 흑운모이다. 물리적 쪼개짐은 엽리의
방향이다.

(2) 편암(片岩, schist)은 편리구조가 특징이며 이곳을 따라 풍화 작용이 진행된
다. 편암의 주요 구성광물들로는 석영, 백운모, 견운모, 흑운모, 녹니석 등이며 석
영입자들은 풍화, 침식에 약하여 지형형태는 저지대의 분지모양을 보이고 일부는
밴드(band, 帶)를 이루거나 분쇄된 입자들이 리본상(ribbon shape)으로 변화되어
있다.

편암에는 저항력이 큰 광물이 존재하지만 풍화 진행은 비교적 용이하다. 운모석
영편암(雲母石英片巖), 흑운모편암 등은 석영과 운모류에 의한 엽리가 잘 발달되어
있다. 물리적 동결풍화 작용이 편암을 파괴시킨다.

(3) 대리석(大理石, marble)은 변성작용을 받은 석회암으로서 방해석의 결정들의

집합체인 결정질 석회암(crystalline limestone) 즉 대리암이다. 풍화 과정은 치밀한 석회암과 유사하다.

(4) 규암(硅岩, quartzite)은 석영입자를 주성분으로 하는 사암이 큰 압력을 받으면 입자들이 서로 껴안은 굳은 암석이 생성된다(meatamorphosed sandstone). 사암 내부의 다공성을 잃어버렸으므로 단단하다. 풍화 작용(특히 화학적)이 활발하지 않으며 단지 물리적 풍화 현상이 탁월하다.

2) 풍화 작용과 암석

암석의 풍화 작용은 암석의 구조와 지표형태에 따라 영향을 받는다. 예컨대 모암(帽岩, cap rock)[28]이 있는 경우, 모암의 밑에 있는 암층이 수분에 의한 풍화와 침식으로부터 보호를 받으며(지붕의 역할) 수분은 밑의 암층보다 모암의 특징적인 부위에 따라 집중된다. 일반적으로 암석은 타 암석과의 접촉 부분에서 풍화가 잘 되며 여러 암석의 경계 부분이 풍화 진행에 효과적이고, 이는 지질도에 잘 반영되어 있다. 용암류로 덮인 현무암층 밑의 물질은 풍화로부터 보호되며 현무암 피복이 없는 주변의 퇴적암층은 그대로 대기에 노출되어 풍화 작용이 더 빠르다. 퇴적층을 파낼 때에 풍화를 받은 점토질 연암으로부터 풍화되지 않은 경암이 접촉되어 있으면 망치의 둔탁한 소리를 들을 수 있다.

---

28) 구릉의 정상부 또는 굴뚝 모양의 돌기둥(chimney rock) 위에 얹힌 단단한 암석으로 그 밑의 연암층은 오랫동안 지탱하게 된다. 건조 지역의 메사(mesa) 지형에서 주로 관찰된다.

7

기후와 풍화 작용

    여러 형태의 풍화 작용은 일기(日氣, weather)와 깊은 관련성이 있고 실제 대기 현상의 종합된 평균상태인 기후(climate)는 매우 중요한 풍화 작용 인자이다. 여기에는 두 가지 인자, 즉 물과 온도가 중요하다. 물은 강수의 전체 양과 빗물의 강도인데 이는 지표유수(run off)를 형성한다. 그중에도 강수－증발의 비율이 중요하다. 온도는 평균온도, 기온차 등인데 이 중 결빙온도가 중요하다. 기타 사항으로는 운량, 상대습도, 건풍(乾風, drying winds) 및 기후변동 등이다. 기후조건은 물리적 풍화 작용의 진행속도와 깊이를 좌우한다. 그 밖의 용탈, 지하수 함양, 염분의 이동, 생물적 풍화 작용 그리고 풍화 산물의 제거(사면이동과 침식작용) 등이 중요하다. 기후의 영향은 직접적일 뿐 아니라 식생과 토양을 통하여 간접적으로 간섭한다.

1. 강 수

    물은 모든 풍화 작용 중에서 가장 중요한 반응물질이며 물의 공급 여부는 풍화 작용 유형을 결정하는 데 최대인자이다. 물은 주로 비(rainfall)를 포함한 강수의 형태로 지상에 떨어진다. 강수의 일부는 지표면을 흐르고(run‐off) 일부는 지하로 스며들며 수면이나 지면에서 증발하여 대기층으로 돌아간다(물의 순환). 강수형태가 같은 조건이라도 풍화 양상은 전혀 다른 모습을 보이는 경우도 있다. 풍화 작용의 유형은 수분공급과 지역적 조건 및 수문학적 요인에서 결정된다. 기타 여러 요인들이 포함되지만 풍화 작용의 일반화는 물 공급에 의한 것이다. 습윤 지역의 토양은 건조 지역의 그것보다 Na, K, Ca, Mg 등 양이온의 용탈이 현저하다.

　습윤 지역에서 모래와 실트질은 많은 양의 석영을 포함하고 있는데 이는 강수의 풍부함으로 인하여 불안정한 광물이 풍화 과정에서 사라져 버렸기 때문이다. 지표 유수의 증가로 인하여 하천에서 운반되는 용해하중(溶解荷重, dissolved load)은 늘어난다. 풍화 작용의 반응은 강수의 계절적 분포에 따라 조장된다. 습윤 지역의 풍화 작용은 건기가 현저한 건조 지역이나 사바나 지역과는 전혀 다르다. 기후가 건조할수록 화학적 풍화 작용에 비하여 물리적 풍화 작용이 상대적으로 우세하며 염정의 성장, 일사풍화 작용 등 노출된 암석표면은 갈라진다. 사막의 경우 수분이 전혀 없는 것은 아니므로 비가 올 때에는 수분이 토양층을 침투할 수 있다. 그 후 건조가 진행되면서 수분이 모세관을 통하여 지표면으로 다시 올라온다. 건조 지역의 토양에 많이 포함된 염류는 모세관수가 밑에서 운반해 온 것이다. 그러나 암석의 풍화율(風化率)은 극히 미약하다. 강수와 증발률 또한 중요하다. 강수가 증발을 초과하면 용해물질의 이동과 풍화 산물의 제거가 효과적이다. 반대로 증발이 현저하면 수분이 지면으로 이동하고 토양이 건조해지면 염정의 결정화가 이루어지고 풍화물의 제거가 저조하다. 강수‐증발률은 토양의 종류, 점토광물의 유형, 염분집적, 염풍화 작용 등에 영향을 준다. 풍화호(weathering pit)은 건조 지역의 결정질 암석 표면에서 잘 발달한다(그림 34). 이것은 광물의 화학적 분해와 암석의 입상 붕괴에 의하여 형성되는데 암석의 약한 부위가 오목하게 파이면 그늘이 져서 주변보다 습윤하여 암석의 선택적 풍화 작용이 촉진된다. 또한 각종의 염류가 풍부하여 암석의 파괴를 돕는다.

그림 34. 풍화호, weathering pit (gnamma)
깊이가 얕게 파이면서 바닥이 평평하다. 연간 강수량이 15㎝ 이하의 건조 지역에서
관찰되며 암석표면이 박리로 깨지고 pit의 안쪽 벽은 턱(overhang)이 형성되어 있다.

2. 온 도

연평균 온도의 차이는 물리적 풍화 작용에 중요하다. 풍화 작용이 일어나는 지
역에서 기온이 높아지면 암석이 부식되는 속도가 빨라지고 점토광물이 생성되는
양이 풍부해진다. 실제로 대기온도가 높을수록 토양 내의 점토광물의 양은 비례하
는 경향을 보인다. 온도가 높은 곳에서 한 종류의 광물이라도 풍화 정도에 따라
온도가 낮은 지역과는 다른 광물을 생성시킬 수 있다. 정장석이 풍화되면 백운모
가 형성되나 백운모는 온도가 높은 지역에서 풍화 과정이 계속적으로 발생하면 카
올리나이트로 변한다. 풍화 산물 내에 포함된 점토광물의 종류에 따라 그 지역의
영향을 준 고기후를 추론할 수 있다.

온도는 풍화 작용의 속도를 조절한다. Van't Hoff의 법칙은 온도가 10℃ 상승하면 화학적 풍화 속도가 2-3배 커진다고 하였다. 암석을 구성하는 조암광물은 각각 열에 의한 팽창률이 서로 달라서 같은 광물이라 할지라도 그 결정축의 방향에 따라 서로 다른 팽창률을 갖게 된다. 따라서 온도의 변화에 따라 암석 중에서는 불규칙한 팽창과 수축이 발생하여 응결력이 약해져서 부서지게 된다.

연간 90°F 차이는 암석의 팽창과 수축에 영향한다고 증명한 바 있다(Visher, 1945). 기온이 상승함에 따라 화학적 반응이 증가하는 경향이 있다. 온도가 10℃ 상승하면 풍화율이 느리든 빠르든 반응이 2배 내지 3배나 된다고 보고하고 있다. 동시에 생물적 풍화 작용도 활발해진다. 습윤조건이 같고 동일한 식생에서 기온이 증가하면 토양 내의 유기물질이 급속히 감소한다(Jenny, 1941). 순수한 물에서 포화 상태에 달했을 때의 탄산칼슘의 용해량은 수온의 상승과 더불어 증가하는데 10℃에서는 약 13mg / l, 25℃에서는 약 15mg / l로 나타난다. 일반적으로 규산(silica)은 기온이 높으면 용해가 쉽다고 알려져 있으며 규산의 용탈은 고온의 열대 지역에서 특히 우세하다. 열대 풍화 작용에서 용탈수의 산도(pH)가 높게 유지되는 한 암석에서 규산은 계속적으로 제거된다.

3. 서 리

서리(frost)는 물리적 풍화 작용에서 중요한 인자로 꼽힌다. 물이 얼면 약 10%의 체적이 늘어난다.

암석 중에는 많은 틈서리가 있고 그 안에는 수분이 있으므로 얼게 되면 내부에서 압력이 작용하여 붕괴를 촉진한다(**그림 35**). 고산 지역과 극지방은 물의 얼고 녹는 빈도가 많아지면 결국 크고 작은 암설로 피복된다.

서리는 토양층과 퇴적층 및 암층에 형성되어 있는 각종 형태의 얼음[29]이다. 서

---

29) 겨울철 집단적으로 발달하는 토양층의 서릿발은 순수한 빙정(氷晶)이며 다양한 크기의 얼음 덩어리가 묻혀 있다.

리는 땅속으로 깊이 침투하며 지면이 냉각될 때 생기는 균열에 수분이 침투하여 얼게 된다. 균열에 형성된 서리는 묻혀 있는 암석을 쪼갤 수 있으며 서릿발이 성장하면서 토양층을 교란시키면서 들어 올리는 동상(凍上, frost heaving) 현상이 일어난다. 동상이 활발하면 토양층에서 쪼개진 암설을 지면 위로 옮겨 놓는다. 서리 작용의 강력한 효력은 수분이 존재하는 상태에서 생성되는 얼음렌즈(ice lens)와 결빙점을 중심으로 기온의 변화 빈도에 있다. 결빙과 융해의 발생은 기온이 0℃를 오르내리는 하루를 주기로 하는 경우에 현저하다. 결빙과 융해가 자주 반복되는 일수가 많을수록 서리에 의한 풍화 작용은 활발한데 이러한 지역은 기후가 한랭할수록 유리하다.

그림 35. 서리 작용에 의해 갈라진 암괴(frost－riven block)

4. 사면의 방향

일반적으로 한랭하고 서리의 형성이 빈번한 지역의 남향 사면은 북향사면보다 결빙, 융해의 반복이 자주 일어나게 되어 물리적 풍화 작용이 더욱 활발하다. 한랭하지만 서리의 작용이 없는 지역의 남향사면은 많은 양의 햇빛과 식생으로 북향사면보다 생물적, 화학적 풍화 작용이 현저하다. 온대 지방의 남향사면은 생물적 풍화 작용이 다소 약화되고 침식이 활발하여 풍화 산물을 효과적으로 제거시킴으로 풍화 작용의 진행이 비교적 빠르다. 즉 지표유수 작용에 의한 지표면 침식이 증대함으로 지표 피복물질이 제거되고 기반암이 다시 노출됨으로 풍화 작용은 증가한다. 남향사면은 기온이 높고 증발이 최대이며 토양온도 역시 높은 반면 북향은 기온이 낮고 토양수분 보유율도 높은 편이다. 남향사면의 토양층은 겨울 기간 중에 결빙, 융해 반복이 많으며 여름에는 건습의 반복 역시 많지만 북향은 그렇지 않다. 이러한 현상은 화학적, 생물적 풍화 작용을 촉진한다. 토양층의 두께도 남향은 얇고 세립물질로 구성되나 북향은 두꺼운 것이 특징이다.

일사(insolation)는 일교차와 증발 및 식생성장에 영향을 끼치며 구름이 있는 경우와 없는 경우에 따라 일교차와 서리형성에 간섭한다. 적설의 기간은 눈이 절연체로서 역할을 함으로 결빙작용과 토양침식을 저하시킨다. 바람은 또한 증발과 온도, 건습에 영향하고 강우를 초래한다. 건조 지방의 바람은 풍화 산물을 이동시킨다.

5. 기후 지역과 풍화 작용

기후는 하나의 요소 또는 서로 다른 인자들을 갖고 본다면 다수의 기후형으로 분류된다. 풍화 현상은 기후에 의하여 촉진되기도 하고 억제되기도 한다. 기후는 지역에 따라 달라서 풍화의 유형과 강도가 또한 다르게 된다. 기후가 건조할수록 화학적 풍화 작용에 비하여 물리적 풍화 작용이 상대적으로 우세해지며 모가 난 암괴들이 생산되고 툰드라 지역은 지표가 얼어 있으므로 토양형성 작용이 미약하다(포드졸 작용은 가함). 눈과 얼음으로 덮인 지역이라도 조류, 균류 및 박테리아 등은 광물의 풍화 작용에 관여하고 있다.

다수의 지형학자들은 지형의 형성 작용을 보다 이해하기 위하여 일련의 기후 지역(climatic regions)을 설정하였는데 지금까지 알고 있는 한 거의가 동일한 의견이다. 이렇게 설정된 지역을 Peltier(1950)는 '지형형성계 지역'(morphogenetic regions)으로 Büdel(1948)은 'Formkreisen'이라고 불렀다. 이것은 지형과 기후의 관련성을 '기후지형 형성 지역'(climato-morphic regions)이라고 정의한다.

Peltier는 8개의 지형형성 지역을 내세운 바 있다(**그림 36**). 이들 지역은 가상적인 범위를 나타낸 것인데 여러 지역에 걸쳐 정확한 수치를 측정한 것이라기보다는 도식으로 개진한 개념적인 것으로 어떤 특정의 기후가 특정한 지역에서의 풍화 작용을 평가하는데 유용한 틀(framework)이다. 여기에서는 연평균기온과 50mm 이상의 강수량을 기록한 기간이 몇 개월인가를 기준으로 한 것이다. 예를 들면 빙성 지역이면 −25℃에서 0℃ 사이 강수량은 1,000mm 이하, 반건조 지역은 50mm 이상이 5개월, 온도는 22℃에서 30℃이며 굵은 점선의 오른쪽 지역은 최소한 50mm의 연 강수량은 된다는 것이다.

Peltier의 그림은 기후와 풍화 작용 간의 관련성을 보여준다. 물과 기온은 화학적 풍화 작용에서 필수적이다. 강우가 많을수록 온난한 기후일수록 풍화 작용이 활발하다(생물학적 풍화 작용은 생략됨).

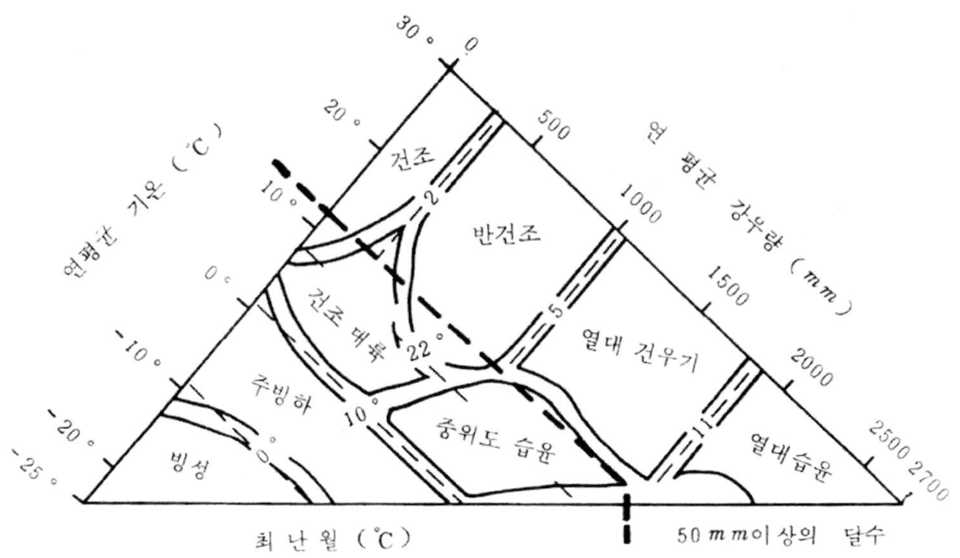

그림 36. 8개 지형형성 지역의 기후적(강우와 기온) 한계(Peltier, 1950)

그림 37는 풍화 지역의 도표로서 앞서 Peltier의 그림에 화학적 풍화와 결빙풍화 작용을 추가한 것이다. 예컨대 '풍화 작용이 매우 미약함, very slight weathering' 구역은 도표 아래 오른쪽 코너이고 '화학적 풍화 작용이 강함'은 밑변 아래의 왼쪽 구역이다.

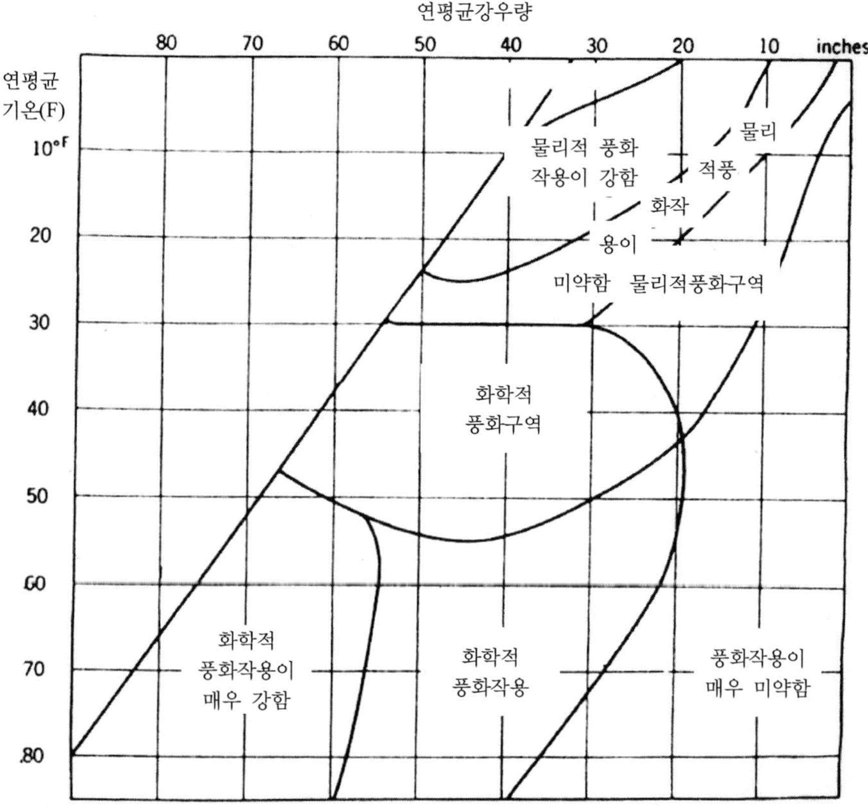

그림 37. 기온과 강우에 따른 풍화 작용의 유형(Peltier, 1950)

풍화 작용에 있어서 기후와 식생의 역할을 제시하여 구역을 나타낸 또 다른 시도는 **그림** 38과 같다(Strakhov, 1967). 여기에는 주요 기후대의 기후조건의 특징을 표시하였다.

기후조건이 양호한 곳은 식생의 생육이 활발하므로 토양 내로 유입되는 유기물질의 양이 많아지고 고온다습한 지역은 부식화가 빠르고 쉽게 유실되어 기후조건에 따라 차이가 크다. 용탈현상과 강수가 최대인 지역은 열대 지역과 타이가-포드졸 지역이다. 열대 지역의 풍화작용은 포드졸 지역보다 집중적이고 풍화층이 훨씬 깊다. 툰드라와 반건조 지역 그리고 사막 지역은 낮은 기온과 물부족으로 화학적 변질은 거의 발생하지 않고 있다.

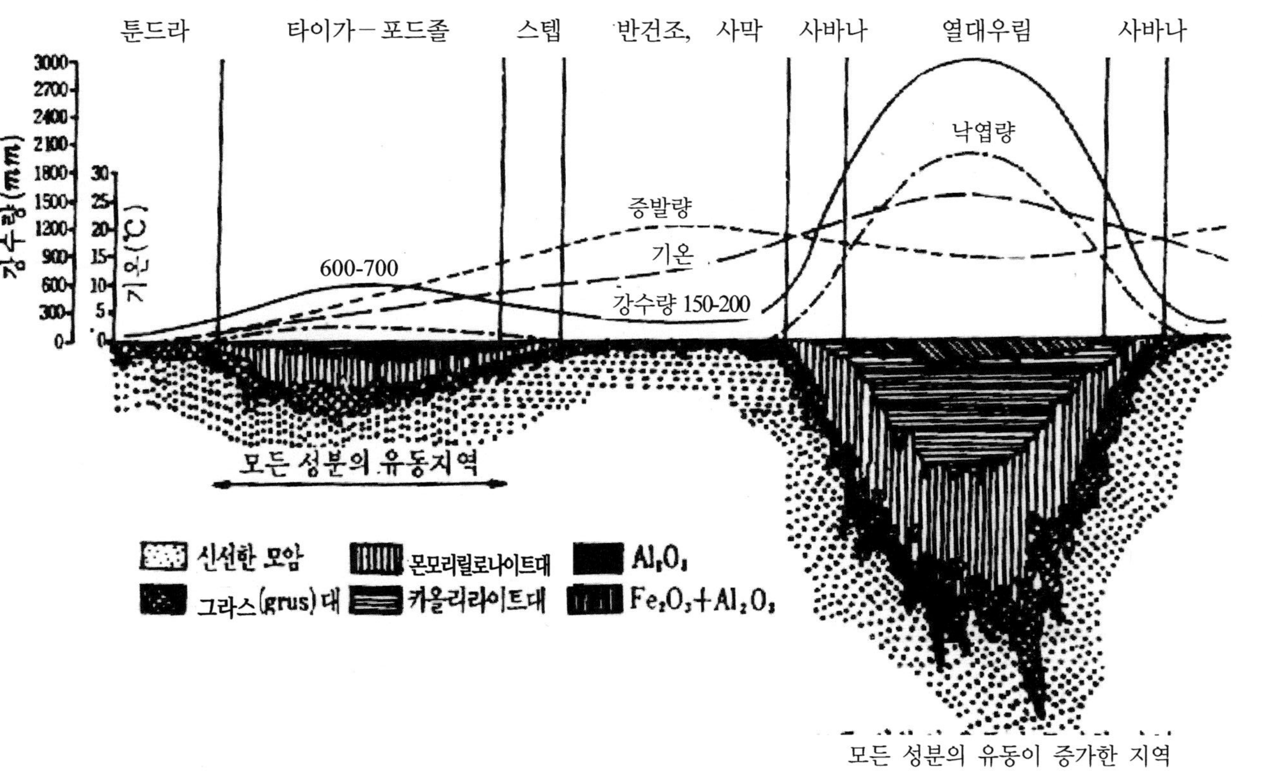

그림 38. 위도에 따른 기후조건과 풍화 지대의 형성(Strakhov, 1967)

상이한 기후에서 풍화층의 깊이와 구조를 보인다(해양기후대는 없음).

기후와 풍화 작용의 관계는 단순하지 않다. 그 이유는 오늘날 지배하고 있는 기후현상과 다른 과거의 기후, 즉 고기후(古氣候, paleoclimate)와의 관련성 때문이다. 지표의 모든 지역은 고기후의 영향을 받았다. 예를 들어 빙기에는 유럽이나 북아메리카 북부에 빙하가 발달하여 넓은 지역이 주빙하 환경이나 얼음의 세계가 되었으나 아시아에서는 그렇지 않았다. 또 현재의 사막에서는 비가 왔었고 좋은 기후로 식생이 잘 자라고 있었다. 기온의 변화도 고위도 지방에서는 격심하였고 저위도 지방은 그다지 현저하지 않았다. 반대로 강수량은 저위도 지방이 변화가 크고 고위도 지방은 그다지 현저하지 않았다. 아열대에는 고기압대가 있었고 그 위치가 남북으로 이동하면 건조 지역과 강수 지역이 그것에 따라 변화하고 강수량의 변화가 발생하여 생물의 존재가 다양하였다. 토양층을 비롯해 풍화 단면은 전체적으로 현재의 기후환경과는 관련이 없을 수 있으며 다성인적(多成因的, polyge- netic) 풍화층이 존재한다고 추정되며 기후변화는 지역에 따라 큰 차이가 있어 풍화 작용도 그리 간단하지는 않다. 과거의 동파작용으로 생성된 암괴원과 기후가 온난했었던 환경에서 출현한 핵석원(boulderfield)과 같은 지역에 존재하는 점, 건조 지역의 화석지형인 inselberg가 습윤 열대지형으로도 인정되는 점, 사바나 tor와 주빙하 tor의 논쟁과 현재 건조기후 환경에서도 tafoni가 발달하는 점 등은 과거 기후변화와 더불어 고려해야 할 문제이다.

6. 각 지역의 풍화 양식

1) **열대 풍화 작용**(tropical weathering)은 화학적 풍화가 암석의 풍화를 주도한다. 건조 기간에 약간의 제약이 있으나 연중 집중적인 화학적 풍화 작용이 활발하다. 연중 습윤한 적도와 열대 강우림은 계속적인 토양수분과 21－26℃ 기온으로 화학적 풍화 작용의 최대 지역이다. 사바나 지역을 포함한 열대 지역은 10개월 이상의 심층풍화 작용이 가능하다. 토양 단면층은 평균 9m 이상이며 높은 지중온도로 인한 새프롤라이트는 평균 깊이 20－30m를 넘고 여기에 함유된 점토층은 카

올리나이트가 주축을 이룬다. 대부분의 조암광물이 카올리나이트가 생성되는 단계까지 풍화되기 때문이다. 특히 적도대의 강수량이 많은 지역은 다량의 깁사이트가 카올리나이트와 함께 나타난다. 화강암이나 변성암의 화학분해가 상당히 깊이까지 진전되어 있다.

토양생성이 빠르며 급사면에서도 토양층이 존재하여 삼림을 지탱하고 있다. 드러난 기반암에는 수직의 fluting과 그루브(groove)가 발달하여 석회암의 카르스트를 연상케 한다. 고산 지역을 제외하고는 서리 현상은 없다. 물리적 풍화 작용은 노출된 기반암에 대한 열적장력(thermal tension)과 염정작용, 압력감소로 인한 암괴의 생성 등이다. 라테라이트 토양은 고온다습의 환경에서 염기류의 용탈과 탈규산화 작용이 진행되어 철, 알루미늄과 같은 광물이 농축된 적색토이다. 철의 결핵(結核, ironstone or ferricrete)이 풍부하고 부식이 적으며 생산력이 매우 낮다.

2) **중위도 습윤 지역**(humid mid-latitudes)은 하천유수를 가진 삼림환경으로 위도 25°에서 65°에 걸쳐 있다. 물리적 및 화학적 풍화 작용이 끊임없이 활발하고 토양층도 비교적 두껍다. 한랭한 침엽수 지역은 포드졸과 습지토양이 존재하고 활동층(active layer)에서 크리오터베이션(cryoturbation)[30] 현상이 두드러진다. 여기에서는 서릿발 풍화 작용이 현저하고 동결과 융해에 의한 토양포행이 활발하다. 화학적 풍화 작용은 물이 결빙하지 않는 시기에 가능하다. 탄산염 용해작용도 0℃ 이상에서는 항상 가능하다. 그러나 저온(10℃ 정도)에서 가수분해나 산화작용은 두드러지지 않는다. 한랭 지역에서 화학적 풍화 작용은 3개월 정도로 국한되지만 해양성기후나 보다 온난한 지역은 4개월에서 10개월 기간으로 증가한다. 중위도 지역에서 가장 특징적인 화학적 작용은 포드졸화 작용(podsolization)이다. 침엽수와 황원식물(heath)의 낙엽층 분해에서 송진이나 산을 배출한다. 투과성이 좋은 모재물질은 투수성을 높이고 포드졸화 작용을 촉진시킨다. 또한 온대습윤 지역은 혼합림대로 갈색토와 수성토양(hydromorphic soil)이 존재한다.

아열대 습윤 지역은 열대 지방과 같이 라테라이트화는 되지 않았지만 용탈이 진행되어 적황색토(red-yellow soil)가 존재한다. 습윤하고 온난한 환경은 여름이 길

---

30) 겨울에 활동층이 결빙하면 토양을 포함한 구성물질이 심하게 교란되고 압력이 발생하는 현상이다.

고 기온이 높아 가수분해 작용이 집중적으로 진행된다.

　3) 사막과 같은 **건조환경**(arid environment)은 물리적 풍화 작용이 현저하고 화학적 작용은 부차적이다. 고위도 지역은 결빙풍화작용과 염풍화 작용 및 압력감소로 인한 풍화 산물을 만든다. 토양의 미생물의 수는 적으며 빈약한 유기물의 분해도 부진하다. 건조 및 반건조 지역 또는 스텝환경에서 토양은 용탈현상이 미약하고 극심한 증발로 인하여 탄산염(carbonate)의 증가가 두드러진다. 이러한 현상은 석회화 작용(calcification)이라 하며 칼슘, 칼륨, 마그네슘, 나트륨 등의 염기가 표층에 잔류한다. 토양분류의 하나인 페도칼은 이러한 경우이다. 점토광물은 거의 없으며 석회토양의 집적층인 B층은 빈약하거나 없으므로 토층은 A－C 또는 A－Ca－C층으로 구성된다. 자연식생이 드물고 사막관목이 넓은 면적을 차지하고 있다. 황산칼슘(석고)이 하층에 있어서 hardpan(caliche)을 형성한다. 온대의 반건조 지역은 다소의 부식화가 진전되어 초원 유기물이 많아서 A층이 2m의 깊이로 발달한다.

　4) **주빙하 환경**(周氷河環境, periglacial environment)은 영구동토층이 형성되어 있는 고위도 또는 고산 지역으로 빙하로 덮이지 않고 수목이 없는 환경으로 기후가 매우 한랭한 지역이다. 이러한 곳은 동결과 융해의 반복이 활발하여 암석에 대한 물리적 풍화가 주도한다.[31] 이것은 암석의 절리, 층리면, 크랙에 침투한 물의 팽창에 의한 것이다. Tricart(1956)는 실트 크기로 파쇄되는 것을 'microgelivation'으로 암괴형태로 파쇄되는 것은 'macrogelivation'으로 구분하였다. Lautridou(1988)는 동결파쇄작용을 4가지로 분류하였는데 암석표면에 평행하게 형성된 얇은 얼음판을 'frost scaling', 암석 쪼개짐을 'frost splitting'으로, 암석균열에 침투한 수분의 결빙은 'frost wedging', 암석이 작은 입자로 부서는 것을 입상붕괴(granular disaggregation)로 하였다.

　북극해 연안의 툰드라 지역이나 수목선 위의 고산지대는 한랭한 대기와 토양기후가 가수분해나 생물적 풍화 작용을 지연시키고 광물의 변질도 느리게 진행된다. 대부분 주빙하 지역은 플라이스토세 기간 중 빙하로 덮였기에 토양발달이 미약하고 단면이 얇으며 뚜렷하지 않다. 강우량이 200－400mm밖에 안 되며 증발량이

---

31) 동결파쇄작용은 'frost shattering', 'frost wedging', 'gelifraction' 등으로 호칭된다.

적고 배수가 불량하여 습하게 유지된다. 기반층은 동결되어 있다. 툰드라토가 대표적이며 극갈색토(arctic brown soil)로 분류된다.

화학적 풍화 작용은 제한되지만 지하수와 하천에 의한 석회암의 용해, 탄산염화 작용 등이 확인되었다(Cogley, 1972; Smith, 1972).

8 심층풍화 작용

지표 암석의 풍화 작용은 상당한 깊이까지 진전된다. 암석의 구조와 형태를 유지하고 있으나 푸석푸석하여 삽으로도 잘 파이는 풍화층을 새프롤라이트(saprolite)[32]라고 한다. 화성암과 변성암에서 잘 관찰되며 조립질의 화강암 노두에서는 특히 주목된다. 새프롤라이트는 열대 습윤기후 지역에서 두껍게 발달한다. 가장 깊이까지 나타나는 곳은 무려 100m에 달하는데 이러한 풍화층을 심층풍화(深層風化, deep weathering)[33]라고 한다. 절리가 많은 암석, 불안정한 광물 등은 빠르게 분해되고 절리가 미약한 암석과 석영맥, 규암 등은 풍화에 대한 저항력이 크다. 풍화층의 깊이는 사바나 지역에서 25-40m, 건조 지역은 3-10m, 온대 지역은 3m로서 장소와 암석에 따라 차이가 심하다. 지면이 평평하고 배수가 양호한 곳에서 장기간 풍화 작용이 진행되면 심층풍화 현상이 현저하다.

새프롤라이트 풍화층을 일반적으로 리골리스(regolith), 그라스(grus)[34] 또는 풍

---

32) <u>Saprolite;</u> A soft,, earthy, clay-rich, throughly decomposed rock formed in place by chemical weathering of igneous and metamorphic rocks. Residual weathered cover, the result of rotting of bed rock *in situ. A Dictionary of the Natural Environment,* F. J. Monkhouse and John Small, 1978.

33) <u>Deep weathering;</u> The production of thick saprolite by prolonged chemical weathering.

화 맨틀(weathering mantle)이라고도 하는데 이것은 풍화 산물을 포함하여 기반암 위에 운반되어 피복된 여러 종류의 물질과 풍화 단계에서 생성된 암설, 광물파편과 점토광물, 유기물질, 교질입자 등을 총칭한다(Ollier and Pain, 1996). 리골리스는 심층풍화 단면을 기술하는 용어로 잘 쓰인다.

심층풍화 연구는 주로 열대 지역(아프리카)에서 이루어져 왔고 온대 지역에서 관찰되는 것은 유물지형으로서 지형발달과정을 이해하는 데 치중되고 있다(김상호, 1973; 강영복, 1986; 장재훈, 2002).

1. 심층풍화 작용과 형성인자

심층 풍화 작용의 중요한 두 가지 개념은 풍화층의 두께(깊이)와 화학적 풍화 작용에 의한 기반암석의 변질의 정도이다. 일찍부터 열대 지역의 심층풍화 연구는 주로 라테라이트작용, 보크사이트작용, 철산화물작용(ferralitization)을 포함하고 있다(Woolnough, 1927, Thomas, 1974, Faniran, 1968).

1) 풍화층의 깊이와 지형

풍화층의 깊이는 온대 지역에서는 불과 3m 내외이고 열대 지역은 거의 100m에 달하며 극지방은 극도로 얇다. 소규모의 같은 지역이라 할지라도 풍화층의 깊이는 상당한 변화가 있다. 다공성이고 투수성이며 화학적 반응이 민감한 암석은 풍화 작용이 깊게 진전되지만 불투수성이고 반응이 취약한 암석은 깊지 않다. 조립의 현무암이나 두꺼운 석영맥은 비슷한 환경에서도 전혀 다른 풍화 작용을 보인다. 기후와 지형조건이 급속한 침식을 유발하는 경우에는 풍화 산물이 유지되는 기회가 적으므로 풍화층이 깊이까지 진전되지 않는다. 반대로 침식이 둔화된다면 풍화

---

34) 특히 화강암의 풍화 물질을 가리킨다. 우리말로 '마사토'로 불리고 있다(decomposed granite).

산물이 제자리에서 상당한 두께로 집적된다. 예컨대 열대다우의 아프리카 평원의 경우 풍화 작용이 빠르고 지표기복이 작아 이상적으로 심층풍화가 절대 유리한 환경이다. 한 지역에서 풍화층의 평균깊이를 파악한다는 것은 어려우며 측정한 실제 보고는 다수 나와 있다.

Thomas(1965, 1966)는 나이지리아에서 50m 깊이로, Ollier(1960)는 우간다에서 300ft(90m)로, Demek(1964)는 체코슬로바키아에서 고령토 풍화층을 부분적으로 10m로, 브라질 남동부에는 200m가 넘는 지역(Branner, 1896)도 보고되었다.

Ollier(1965)는 오스트레일리아(Queensland)에서 40m로, 뉴 사우스 웨일스(New South Wales)에서 120m로 빅토리아(Victoria)에서 8m로 조사되었다. 이러한 심층 풍화 현상은 장기간의 풍화 작용의 지속 기간을 반영하거나 현재와 같은 환경인 과거의 습윤온난한 기후를 반영한다.

한랭한 지역은 전혀 다르다. 서리작용과 수화작용에 의한 파쇄는 암석을 깊게 변질시키는 대신 석판(rock slab)으로 쪼개는데 이는 빙기 이전의 풍화층을 빙하가 제거시킨 후이다. R. Dahl(1966)은 스칸디나비아 북쪽의 고위도 지역에서 화학적 변질을 제시하였고 변질된 광물을 포함한 그라스(grus)를 증거로 제시하였다. 그는 이러한 심층풍화 작용의 발달을 간빙기 또는 빙기 이전의 시기로 보았다. 지표는 광물질이 유기질과 섞여서 토양을 형성하지만 깊어질수록 이 비율은 감소한다(**그림 39**).

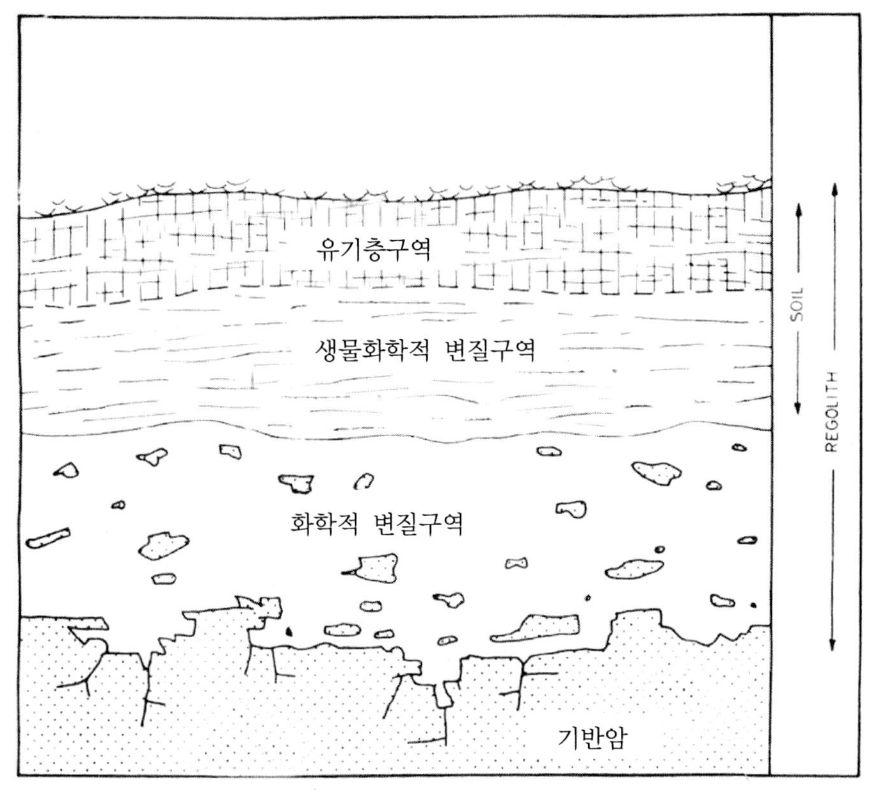

그림 39. 토양층, 리골리스(regolith), 풍화 단면

심층풍화층의 특징은 암석분해의 기후환경과 지형발달에 매우 중요한 사항이다. 풍화 산물과 기후와의 일반적인 관련성은 지형적 의미가 큰 것이다. 예컨대 화강암 변질로 인한 심층풍화 작용은 화강암지형 설명에 있어서 특히 중요하다(**그림 40**). 화강암체는 수분의 침투가 용이하여 심층풍화 작용을 빨리 받는다. 지표면 밑에서 풍화 작용을 집중적으로 받는 모서리 부분이 둥글게 되고 핵석(corestone)이 만들어지면서 지면이 융기하거나 풍화층이 제거되면 암괴와 핵석들이 드러나게 된다. 이러한 핵석군들은 화강암의 암괴지형으로 토르(tor)라고 부르게 되었다(Linton, 1955). 공학자들, 광산개발자들과 토지기술자들에게는 발굴사업에 심층풍화층의 조사가 흔히 대두되고 있는 실정이다.

그림 40. 심층풍화와 핵석암괴의 지형(화강암)
수직, 수평절리에 의해 암괴가 구둔되어 있다.

2) 기반암의 변질

화학적 입장에서 풍화층은 다양한 반응으로 다수의 구역으로 구분된다. 심층하부에서는 가수분해가 주요한 반응이고 지표층은 탄산화 작용과 유기산과의 반응이 중요하다. 석회암 지형에서는 탄산화 작용이 중요하며 지하수면과의 작용이 그러하다. 동시에 지표층은 산화작용이 중요하여 산화철과 수산화물로 인한 적갈색 구역이 현저하다. 화학적 풍화 작용으로 인한 풍화층은 니켈이나 철광상으로 경제적으로도 중요성이 있다.

3) 심층풍화 작용의 인자

심층 풍화 작용의 인자(Thomas, 1974)들은 다음과 같다(**표 9**).

표 9. 심층 풍화 작용의 인자(Thomas, 1974)

기후인자	기온: 높은 온도는 화학 반응률을 증가시킴
	강수: 많은 강수는 풍화 작용에 필요한 물을 제공
생물인자	**식생의 피복: 산림의 수관은 우세(wash)로부터 지면을** 보호하고 유기산을 공급함으로써 광물성분을 이동시키고 특히 킬레이션에 의한 철분을 이동한다.
지형인자	지면 안정도와 연대: 완사면의 경우 삭박률의 저하로 풍화 작용의 침투가 양호, 고지형의 지속으로 심층풍화 단면의 발달.
위치인자	하계망: 고지는 지하수의 이동과 재생을 촉진하여 암석의 분해를 빠르게 한다.
지질적 인자	암종: 변질을 잘 받을 수 있는 광물의 암석은 풍화의 침투율을 증가시키고 암석의 분리를 가속화한다.
	암석조직: 조립질의 결정암은 세립질 암석보다 변질이 빠르다. 퇴적암의 조직은 풍화 침투율과 투수성에 영향을 준다.
	암석 균열성: 절리와 단층 및 입자붕괴는 풍화 침투성을 높인다.
	열수변질: 열수활동(hydrothermal activity)은 지하수 풍화 작용에 영향

<table>
<tr><td rowspan="2">지사(地史)</td><td>기후 변동: 기후와 식생은 풍화 작용과 침식의 균형을 깨뜨린다.</td></tr>
<tr><td>지각 변동: 지각안정도의 변동은 지표면 안정도에 영향을 주며 지질적 시간은 풍화 침투에 유리하다. 안정된 지질구조의 기간</td></tr>
</table>

*여기에서 풍화 침투(weathering penetration)는 심층풍화 작용의 진전을 말한다.

열대와 온난한 기온환경은 화학적 반응률을 촉진하여 토양층에서 점토생성을 가속화한다(**그림 41**).

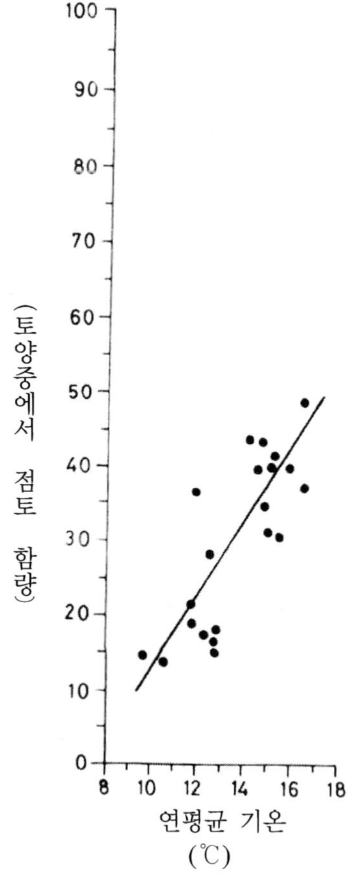

그림 41. 연평균 기온에 따른 암석 풍화 작용에서
생성된 토양의 점토함량(Swardt, 1964)

심층풍화 작용 논의에서 관심은 지형인자로서 저기복 지형에서 발달한다는 주장 (Woolnough, 1927; Ollier, 1975)과 고기복 지형에서 발달한다는 주장(Prider, 1966) 및 어떠한 지형과 사면에서도 발달한다는 주장(Hallsworth and Costin, 1953)의 3 가지 견해로 논의되고 있다. 여기에서 필자의 결론은 다음의 Ollier(1969, p.127) 교수의 것을 채택하고자 한다.

"많은 심층 풍화 작용은 기복이 상당히 큰 지역에서 발견된다. 이것은 한때 두 꺼운 풍화층이 유물화된 것이고 현재보다 훨씬 적은 기복상태에서 풍화 작용이 발 생했다는 가능성을 보여준다."

"Many examples of deep weathering are found in areas of considerable relief. These may be relics of once much thicker layers of regolith, and it is possible that weathering occurred when the areas had much less relief than at present."

2. 심층풍화의 단면

1) 지면 밑으로 발달되는 풍화층은 그 바닥이 평평하지 않으며 심층 풍화층의 단면은 다수의 구역으로 나뉜다. 풍화층 두께의 다양성과 성분은 지형발달에 중요 하다.

이것은 토양단면의 층(soil horizon)은 아니다. 풍화층 내의 수분이동은 토양층에 서 이동하는 토양수와 풍화 단면 바닥의 풍화 기저면(風化基底面, basal surface of weathering)[35])을 따라 이동하는 수분으로 2구분된다. 도로 절개면에서 관찰되는 심 층풍화 단면을 보면 단단한 암석과 경계부분에서 수분침투가 활발함을 보인다.

Wilhelmy(1958)은 화강암에서 발달한 단면구역을 지면으로부터 밑으로 다음과 같이 요약하고 있다.

---

35) 풍화 전선(風化前線, weathering front)이라고 한다(Mabbutt, 1961).

(1) 적황색의 양토(壤土, loam) – 토양층

(2) 제자리의 위치한 풍화 화강암체로서 암석조직은 부분적으로 소실됨.

(3) 둥근 핵석을 가진 분해된 화강암층

(4) 미풍화의 모가 난 암괴층과 기반암

풍화 단면의 특징을 규명하려는 시도는 많으며 화강암 풍화층과 관련지어 몇 개의 구역(zone)을 제시한 Ruxton과 Berry(1957)는 홍콩 지역에서 조사한 바 풍화층에서는 모재의 구조가 변질되고 있음을 보고하였다(**그림 42**). 연속된 4개의 구역으로 산화도, 색채, 그리고 원형도의 핵석을 기초로 분류하였다. 구역 1에서는 사질 및 점토질 실트의 잔류물질이며 두께 1 – 25m임을 기록하였고 2구역은 25m 정도로 변질된 물질이며 석영질의 그라스(grus)와 직경 수십 센티미터의 작은 크기의 핵석이다. 3구역은 보다 큰 핵석들과 거력이 증가한다. 구역 4는 절리를 따라 풍화가 선택적으로 제약되고 원래 암석의 90%는 그대로 풍화되지 않은 채로 존재한다. 화학적 변질은 흑운모 내에서 철분의 산화작용이 이루어져 절리면으로 분리된 암괴면을 적색화하고 있다. 더 이상 풍화 현상을 볼 수 없는 곳은 풍화 전선(weathering front)이다(**그림 42**).

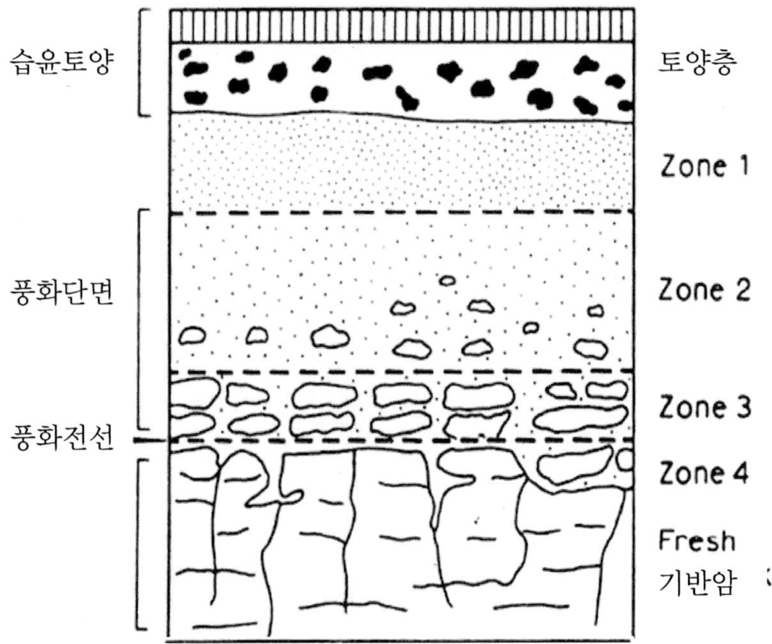

그림 42. 토양층과 풍화 단면의 구역(Ruxton and Berry, 1957)

토양층(풍화 구역에 포함치 않음)
Zone 1 – 조직이 없는 암설과 사질 점토와 점토질(토양층의 C층)
Zone 2 – 둥근 핵석을 포함한 암설
Zone 3 – 암설과 모가 난 묶인 핵석
Zone 4 – 조직이 뚜렷한 암설과 부분적으로 풍화된 암석층

2) 라테라이트(laterite)[36]는 특이한 심층풍화 단면으로 흔히 'duricrust'로 알려져 있다. 이는 풍화된 암석 기반암 위에 존재하는 경반(硬盤, indurated crust)으로 된 구역으로 주로 보크사이트(bauxite), 산화철(ferricrete), 염류피각(calcrete)으로 이루어진 것이다. 라테라이트의 라틴어 later는 '벽돌'을 뜻하고 인도에서는 건축 재료로 쓰고 있다. 열대 지방에서 생산되는 Fe, Al이 다량 포함된 붉은 토양의 총칭으로 불린다. 'latosol'이라고도 하며 암석이 특히 약산성에서 염기성에 이르는 것들이 극단으로 풍화 작용(가수분해)을 받아 염기와 규산이 제거되고 Fe, Al만 남은

---

36) Buchanan(1807)이 처음으로 이 명칭을 사용하였다.

것이다. 이는 열대에서도 항상 습한 곳이나 우림에서는 생성되지 않는다. 건조와 강우가 교체되는 구릉지의 노지에서 가장 잘 발달한다. 토양 중 SiO_2는 유실되고 Fe, Al이 집적되므로 규철반 비율($SiO_2 / R_2 O_3$)은 작아진다(1.33 이하). 라테라이트는 열대와 아열대에서 고온과 습윤의 공급하에서 이루어진다. 예를 들면 20°N −20°S의 열대우림에서 기온이 25℃, 강우량 2,000mm 이상인 지역으로 풍화 작용과 미생물의 활동으로 부식화가 빠르며 낙엽(litter)이 쌓이지 않는다. 용탈 역시 온대와 한대의 것과 다르다. 양이온과 염기는 Fe, Al, Mn보다 많이 소실되므로 토양상층은 Fe, Al이 집적되어 규철반 비율이 감소한다. 토양색은 적황색으로 응집력(cohesion)도 감소한다. 단면은 4개의 층으로 구분된다(**그림 43**).

(1) 철각층(iron crust)은 지표층으로 철찌꺼기의 흑색물질로 산화철로 됨.

(2) 부화층(zone of enrichment = mottling)은 철괴(鐵塊)와 자갈이 섞여 있음.

(3) 분해층(bleachied zone)은 백색의 점토덩어리로 된 표백층임.

(4) 모재층(weathered rock)

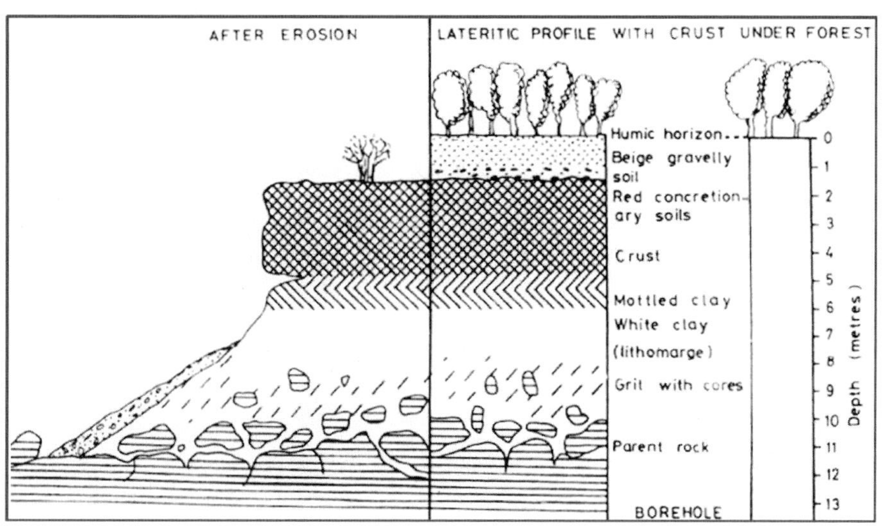

그림 43. 라테라이트의 단면(Laterite profile, 아프리카 수단)
산림에서의 라테라이트 단면(오른쪽)과 침식 후의 단면(왼쪽) (Thomas, 1974)

이 토양은 대단히 오래되어서 제3기 지질시대까지 거슬러 올라간다. 열대 지방에서 형성된 라테라이트는 모암(cap rock)으로서 구릉의 정상부에 남아 있는 것을 흔히 볼 수 있다. 산정부의 평평한 이 같은 구릉지형은 건조 지역의 메사(mesa form)처럼 보인다(**그림 43**). 구릉의 정상부가 평평한 것은 돌과 같이 단단한 라테라이트로 덮여 그 아래층을 보호하기 때문이다. 라테라이트 단면은 사질토양이 A층에 존재하는데 침식에 약하여 A층이 없는 경우가 많다. 그 아래 5m의 두께로 철분과 알루미늄이 풍부하다. 토색은 갈색, 황색 및 백색으로 특징된다. 철분층은 카올리나이트화되어 30m 이상의 백색층을 이루고 있다.

3. 풍화 전선 또는 풍화 기저면

화강암과 현무암같이 절리의 발달이 양호하고 치밀한 암석은 풍화 작용을 받은 암석과 받지 않은 신선한 암석과의 뚜렷한 경계선이 발견된다. 이러한 경계선은 수 밀리미터의 크기로 구분되며 예리하게 나타난다. Linton(1955)은 이것을 단순히 '기저면'(基底面, basal surface)이라 사용하였고 Ruxton과 Berry(1957)는 기저면이 대단히 불규칙하여 '풍화 기저면'(basal surface of weathering)이라고 명하였다. 풍화 전선(風化前線, weathering front)은 Mabbut(1961)가 제안하여 현재 받아들여져 사용되고 있지만 기저면도 계속 통용되고 있다. 풍화층(regolith)과 풍화 전선은 편의상 4개로 분류된다(**그림 44**).

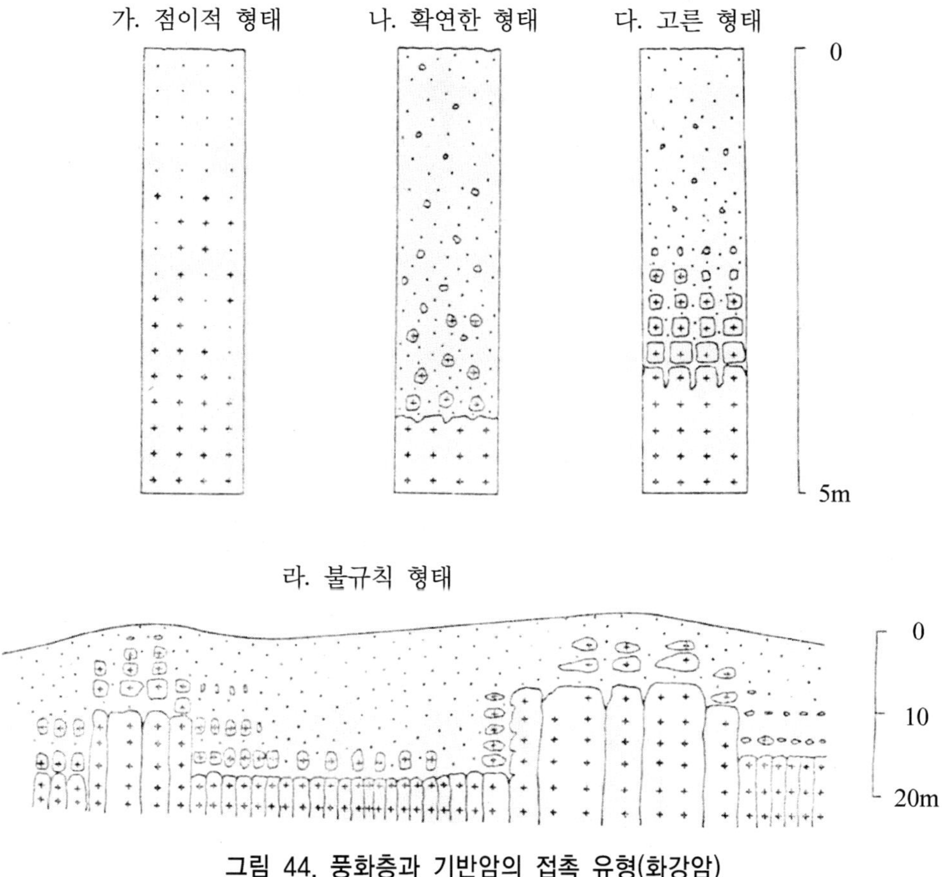

그림 44. 풍화층과 기반암의 접촉 유형(화강암)

1) 점이적 형태(transitional shape)는 화학적 풍화층이 깊으며 풍화되지 않은 기반암과의 접촉 부위가 뚜렷하지 않다(**그림 44**의 가). 이러한 경우는 동일한 구조 조직을 가진 암석에서 잘 발견되며 조암광물에 따라 약간의 풍화 현상이 달라진다. 화강암, 화강편마암에서 잘 나타난다. 열대 지방에서 현저하다.

2) 확연한 형태(sharp form)는 풍화 암설층과 기반암과의 경계가 불과 수 밀리미터 두께로 뚜렷이 관찰된다. 접촉선은 주로 풍화 전선에 해당한다(**그림 44**의 나, **그림 45**). 풍화 전선은 동적인 진행의미를 가지며 변성작용의 진행과 유사하다. 풍화 표면에서 확실한 부분은 광물적, 구조적으로 동일하고 치밀한 암석에서 관찰된다. 열대 지역에서 풍화에 취약한 염기성 암석과 쉽게 분해되는 광물질로

구성된 암석에서 발견된다. 이들 암석은 상부에서 하부로 고르게 충화가 진행되며 수분침투가 낮거나 지표 부근에 주수층 내지 지하수면이 존재할 때 발생한다.

그림 45. 풍화 전선(weathering front)
망치가 놓인 아랫부분은 기반암이다.

3) 고른 형태(regular shape)는 풍화층과 기반암층이 파상형으로 절리에 따른 핵 석들이 지하로 규칙적으로 증가하는 곳에서 관찰된다. 화학적 풍화 작용이 진전되 는 곳에서 저항력이 동일하게 작용하는 암석에서 나타난다(**그림 44**의 다).

4) 불규칙한 형태(irregular shape)는 풍화층과 기반암이 불규칙하게 접촉되는 곳 으로 깊이의 변화폭을 수 미터에서 수십 미터에 달한다. 기반암이 풍화 작용에 민 감한 지역에서 관찰된다.

석영질이 많으며 전반적으로 절리조직이 결여되어 있다. 가수분해와 환원으로 인하여 지하수면 아래에서 불규칙하게 풍화가 진행된다(**그림 44**의 라). 이러한 불규칙한 접촉면은 역암, 사암 및 석회암에서도 변화가 나타나며 현저히 관찰되는 암석은 화강암으로 온대 지방-건조 지방-열대 지방에 이르기까지 다양하다. 화강암은 풍화에 강한 석영질이 많고 절리가 거의 발달하지 않은 부분과 절리밀도가 높고 장석이 풍부한 부분이 교차하는 넓은 지역에서 탁월하다.

토양의 형성

　풍화 작용과 토양(soil)의 형성은 유사한 개념으로 받아들여지고 있으나 토양은 풍화 작용의 궁극적인 산물이며 엄격한 의미로서 토양은 토양생성작용을 통하여 한층 더 변질된 상태의 물질로 간주한다.[37] 토양은 모재(母材, parent material, regolith)로부터 발달한다. 모재는 토양생성작용을 받지 않은 풍화층이다. 토양은 자연환경으로서 특히 중요하며 한 지역에서 토양은 자연환경인자로서 핵심적인 내용을 표현할 뿐 아니라 이에 대한 지식은 지형연구에 불가결하다. 풍화 작용은 암석과 광물의 변질을 의미하고 토양형성은 지표 가까운 곳의 풍화 산물에서 각기 다른 토층(土層, soil horizon)을 만들어 놓는다. 토층은 색깔과 물질구성이 다른 몇 개로 되어 있다. 풍화 작용에 대한 이해 없이 토양형성 연구는 거의 불가능하다. 풍화 단면층의 상부인 토양에 대한 고려 없이 풍화 작용의 연구 역시 불가능하다. 토양은 다양한 풍화 과정에서 형성되기 때문이다.

　토양의 형성은 모재의 풍화 작용 여부에 달려 있다. 풍화 단면은 토양단면의 기

---

37) Brewer, R.(1946)의 토양의 정의는 다음과 같다.
　　Soil is the collection of natural bodies formed by alteration of sedimentary and/or igneous bodies due to exposure at the earth's surface and having an anisotropic arrangement of properties along an axis normal to the earth's surface.

초로 간주된다.

1. 토양 단면

기반암과 표토(topsoil)가 풍화되면 토양은 지표로부터 밑으로 점차 발달한다. 여기에서 수평으로 생성된 토양층이라고 불리는 일련의 풍화대(風化帶)가 나타난다. 각각의 수평층은 물리, 화학, 생물적으로 특성을 달리한다. 종합된 하나의 전체 토양층은 토양단면을 이루게 된다.

토양단면(soil profile)에 대해서 단면의 성층상태, 토양색, 부식의 함유 상태, 자갈의 성질, 토성, 조직 및 물질의 용탈과 집적의 상태 등을 관찰함으로써 그 토양의 생성 유래를 알게 되고 토양생성 인자 중에서 어느 인자가 강하게 작용하였는지 알 수 있으며 토양의 성질을 파악할 수 있다. 토양은 그 지역의 풍화 과정에 관한 많은 자료를 제공한다. 기후가 변하였거나 삼림이 초지나 농지로 변했다면 그 기록이 토양단면에 여러 가지 형태로 남는다. 빙하의 확대와 축소, 열대 지역의 습윤화와 건조화의 반복된 기록 등이 고스란히 보존된다.

토양단면과 풍화 단면을 별도로 구별하기는 곤란하다. 두꺼운 풍화 단면의 상층부를 구성하고 있는 토양단면은 토양생성의 모든 인자, 즉 기후, 생물, 지형, 모재 그리고 시간의 결과물이다. 기반암과 표토가 풍화되면 지표로부터 밑으로 수평적으로 발달된 토양층을 비롯해 풍화대(weathering zone)를 생성시킨다. 수많은 서로 다른 단면들은 이들 5개 인자의 변화에 의한 것이다(**그림 46과 그림 47**).

토양층이 퇴적층이나 층리와 유사하나 지질학적 층은 아니다.

토양층(soli horizon)은 수평 내지 거의 수평에 가까운 층이며 토색, 조직, 화학적 조성에 의해 구분이 가능하다. 일련의 층으로 이루어진 토양의 수직면이 토양단면이다. 여기에서는 과거로부터 진행되어 온 풍화 작용을 유추할 수 있다.

토양단면의 형태를 관찰함으로써 세계의 주요 토양을 분류할 수 있는 기초가 되므로 매우 중요하다. 최상위층은 유기물층이고 유기물층이 결여되면 A층이 최상위의 층이 된다. 여기에서는 분해된 동식물의 조직과 광물질이 혼합된다. A층아래의 B층은 점토와 철, 알루미늄 수산화물이 풍부하고 A층에 이동 되기도 한다. 건조토양의 경우 B층 밑에 K층은 광물입자와 석회분이 포함된 층이다. C층은 가장 밑에 있는 층으로 뚜렷한 특성은 없으며 산화작용으로 노란색이나 갈색을 띠고 있다.

그림 46. 토양단면(수평 상태)

A, C층의 단순한 구성으로 비교적 새로운 토양단면이다.

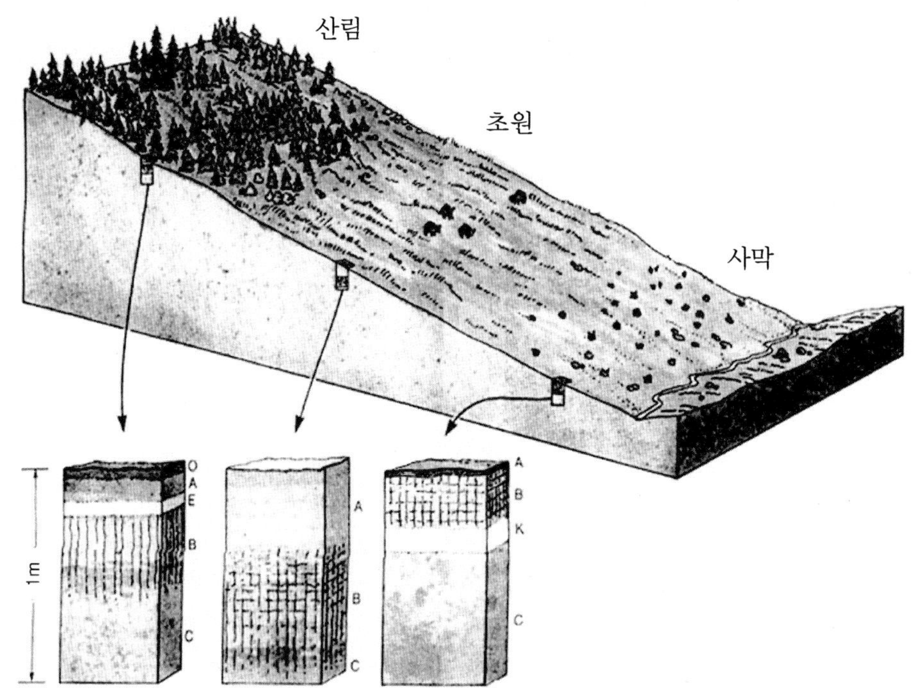

그림 47. 경사면에서의 토양단면

그림 47은 산림과 초원 및 사막 지역에서 3개의 토양단면은 변화상을 나타낸다. 변화의 차이는 단면을 만드는 데 필요한 표토성분과 경사도 및 식생, 토양생물군집과 기후 등으로 인식된다.

2. 토양의 생성과정

토양단면과 토양의 생성에는 다음과 같은 작용이 있다.

1) 유기물의 집적(organic accumulation)은 지표에 분해된 식생물질의 집적이다. 침엽수림의 낙엽은 염기가 부족하여 강산성 부식이 생성되어 포드졸화 작용이 진

행된다.

2) 용탈작용(溶脫作用, eluviation)은 토양수가 토양의 상층에서 염기를 씻어 내리는 작용이다. leaching이라고도 한다. 토양 내에서 양이온과 음이온을 재분배하고 토양을 비옥하게 한다.

3) 집적작용(集積作用, illuviation)은 토양수분에 의하여 용탈층에서 운반된 용액 중의 성분 또는 현탁액 중의 세립물질이 토양단면 하부에 침전되거나 쌓이는 작용이다. 토양층위의 B층이라고 불린다.

상층부 토양(top soil)은 강수로부터 물을 얻으며 대기로부터 산소와 이산화탄소를 얻고 생물활동으로부터 유기물질을 얻는다. 동시에 증발로 인하여 물을 잃고 탈질산과 식물호흡으로 질소와 이산화탄소를 잃는다. 침식과 복사로 광물질과 에너지도 상실한다. 이러한 득실의 결과로 상층토는 평형을 유지하고 시간이 지나도 별로 변화하지 않는다. 이러한 균형을 유지 못 하면 상층토양은 성분이 바뀌며 또 다른 평형을 위하여 변화한다.

3. 토양층위의 명칭

토양층위(土壤層位, soil horizon)는 토양생성 과정을 거쳐 생긴 토양의 특성을 지니고 있으며 토양의 표면과 거의 평행한 토층이다. 토층단면은 모든 생성학적 층위, 즉 지표면에 있는 자연 유기물층과 토양생성에 영향을 끼치는 토층 바로 밑에 있는 모재와 그 밖의 층을 포함한다. 토양단면을 관찰할 때에는 각 층위에 대한 깊이와 두께를 정확하게 표시하게 된다. 토양층위 하나하나를 모으면 토양단면을 형성한다. 러시아의 토양학자 Dokuchaiev는 체르노젬 토양에서 처음으로 기호 A, B, C를 사용하여 층위를 분류하였다. 유기물이 풍부한 상층부를 A층으로 불렀으며 황토의 기반암석을 C층으로 그리고 이상의 두층을 혼합된 층을 B로 명명하였다.

토양생성작용에 의하여 분화된 토양단면층의 층은 퇴적에 의한 층리와는 전혀 다르다. 층위배열은 분화의 원인이 된 토양생성작용을 반영하고 있으므로 토양형 (soil type)을 결정하는 데 중요한 역할을 한다. **그림 48**은 서로 다른 층의 특징에 대한 설명과 기본적인 층의 모든 것을 가진 토양단면의 가상적인 도식을 보여준다. 모든 토양은 그림과 같이 전체를 가지고 있지 않지만 이러한 층 하나 이상을 보유하고 있다.

01과 02층은 유기물질로 구성되고 되는 유기물층 수분이 포화된다. 개간되지 않은 A1층에 위치한다. (유기물층)	**01**	01층은 식생의 원래 형태를 육안으로 관찰
	02	02층은 식생 및 동물의 원래 형태를 육안으로 관찰할 수 없는 유기물층
B2층의 특성을 지니고 있더라도 서로 다른 특색을 보일 경우 B21, B22 등으로 표시한다. 점토가 집적된 층이면 B2t 부식이 많으면 B2h로 구분하다.	**A1**	A1층은 광물질과 섞인 유기물질의 집적으로 특징된다. 토양은 삼림식생에서 비교적 얇고 초원식생에서는 두껍고 진한 색(암흑색)을 나타낸다. 성토층(solum)의 윗부분에 해당한다. 식생의 양분이 최대
	A2	A2층은 A1층 바로 밑에 있으며 점토와 철, 알루미늄 등의 산화물과 염기, 부식교질이 아래층으로 용탈되어 담색을 띤다. 건조 지역에서는 발달하지 않으며(미약함) 특히 습윤 지역에서 잘 발달한다. 삼림식생의 냉량한 기후에서 생성된다. 포드졸(podsol)에서 회색−회백색을 띤다.
	A3	A3와 B1층은 점이층(transitional horizon)으로서 A1, A2층의 특성을 좀 더 지니고 있으나 아래의 B층의 특성도 가지고 있다. 층의 구별이 명확하지 않다.
B층의 특색은 A층에서 이화학적으로 용탈, 분리되어 내려오는 여러 가지 물질, 즉 규산점토질, 유기물질, 철, 알루미늄의 수산화물의 침전과 집적이 일어나는 토층이다. 점토나 용탈된 물질이 증가되고 이들 물질은 다시 서로 결합하여 새로운 화합물질이 되어 집적된다. 그러므로 B층을 집적층(illuvial horizon)이라고 한다.	**B1**	
	B2	B2층은 B층의 특성을 최대로 지니고 있는 층위이다. 규산질점토, 철, 유기물이 최대로 집적하거나 괴상 및 주상구조가 발달한다.
	B3	B3층은 B층과 C층 및 R층으로 이행하는 점이층으로 B층의 특성을 더 지니고 있다.
solum의 가장 윗부분에 있으며 기후, 식생의 영향으로 가용성 염류가 용탈되어 점토, 부식물질과 철, 알루미늄 등의 교질물질이 아래층으로 이동한다. 이는 모래와 실트 크기의 석영과 광물이 집중된 결과이다.	**C**	무기물층으로 토양생성작용을 받지 않은 모재층이다. 이화학적, 광물학적 조성은 적어도 일부분은 상부의 토층과 유사하다.
R층은 견고한 기반암 또는 모암(parent rock)이다. 토양을 형성하는 기초물질이지만 반드시 그렇지는 않다. D층으로 쓰이고 있다.	**R**	

그림 48. 토양 층위(Soil horizons)

4. 세계의 주요 토양

　토양발달에 영향을 미치는 여러 인자가 복합적으로 어떻게 작용하느냐에 따라 세계 각지의 여러 유형의 토양(soil types)이 분류될 수 있다(**그림** 48). 일반적으로 기후의 차이로 건조토양과 습윤토양으로 크게 구분되고 습윤토양으로는 툰드라 토양과 포드졸을 들 수 있다.

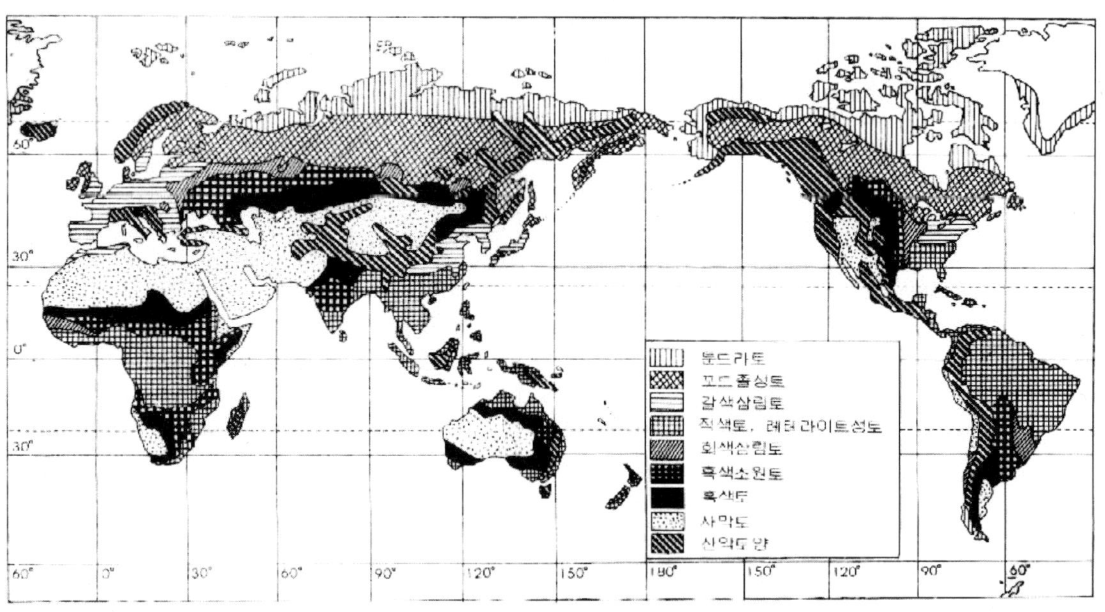

그림 48. 세계 주요 토양형의 분포도(성대토양)

　세계의 주요 토양은 성대토양,[38] 비성대토양 그리고 간대토양이라는 전통적인 분류가 사용된다. 성대토양은 기후와 식생에 의해 특성이 결정되며 기복이 완만하고 배수가 양호한 지역에서 발달한다. 기후와 성대토양의 관계를 표시하면 다음과 같다(**그림** 49).

---

38) <u>Zonal soil;</u> A type of soil resulting from the climatic factor which contribute to the soil forming processes.

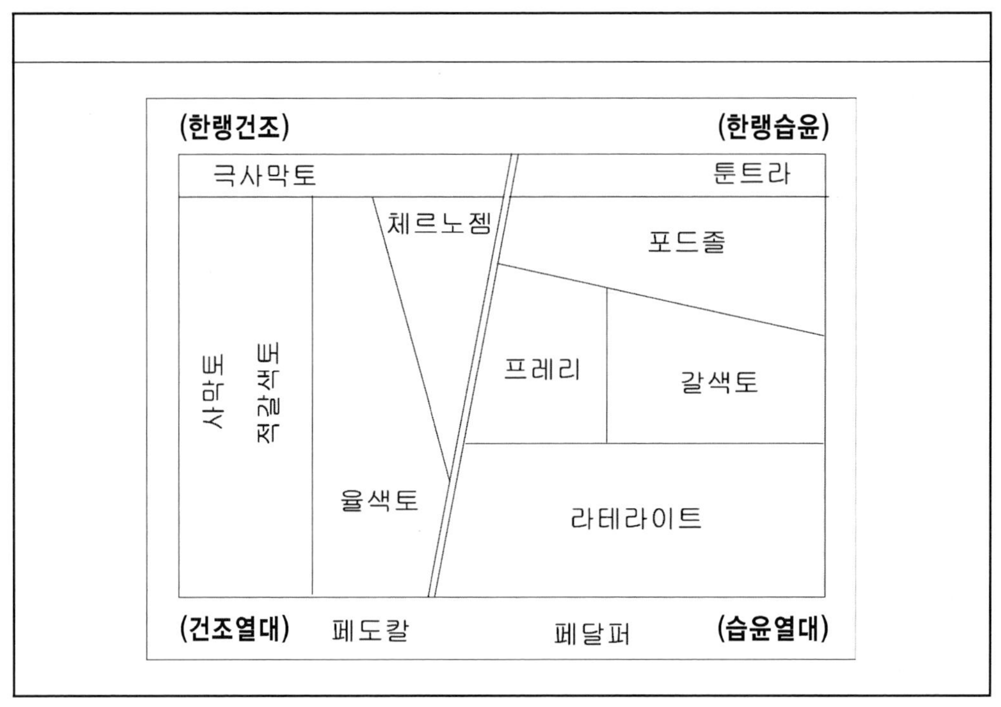

그림 49. 기후와 성대토양과 관계

1) 극사막 토양(polar desert soil)은 건조하고 저온으로 수목의 생육이 불가능하여 유기물질이 거의 없으며 염분이 존재하여 약산성에서 알칼리반응을 보인다. 자갈이 많으므로 자갈포도(desert pavement)와 구조토(patterned ground)가 관찰되며 배수가 양호한 곳은 극지 갈색토양(Arctic Brown soil)이 형성된다.

2) 포드졸(podzol)은 상당히 주목받는 토양이다. 유럽에서는 강수가 많아 용탈이 활발한 습윤 지역에서 발달한다. 러시아 북부와 캐나다의 툰드라지대의 남부에서 널리 분포되고 있으며 보통 침엽수림하 또는 황원(荒原, heath)식물하에서 발달한다. 포드졸의 단면은 A, B, C층으로 구별되는데 A층은 부식이 많고 검은색이며 Ao층은 조부식(law humus) 상태이고 A2층은 산성을 나타내는 침투수에 의하여 세탈 표백되어 회백색을 나타낸다. 포드졸은 러시아어로 '잿빛의 흙'(ash soil)을 뜻하고 토양층을 하강하는 수분에 의하여 가용성 염기의 대부분이 용해되어 철, 알루미늄의 산화물까지 하층으로 이동 집적시키는 과정(포드졸화 작용, podzolization)

으로 B층에서 암갈색의 덩어리(hardpan)를 형성한다. 이 덩어리는 산화철, 규산(SiO_2) 유기물질, 탄산석회($CaCO_3$)에 의하여 응고된 것이다. 집적층의 색이 철분(iron oxide)의 집적이면 철 포드졸(iron podzol), 부식이 집적층이 진한 갈색을 보이면 부식포드졸(humus podzol)이라 한다. 낙엽과 유기물은 염기가 부족하고 또한 균류에 의한 분해에서 산성물질이 생성되어 pH를 감소시킨다. 동시에 토양의 비옥도가 낮다.

3) 회갈색 포드졸토양(gray-brown podzolic soil)은 비교적 온난한 기후 지역에서 발달하며 용탈이 포드졸보다는 약하다. 토층의 경계가 뚜렷한 포드졸과는 대조적으로 토층이 미약하다. A_1층은 부식층이고 A_2층은 용탈층이다. B층은 다소 두꺼우며 황갈색 내지 적갈색이다. 포드졸지대의 남쪽에서 나타나는 갈색삼림토와 유사한 불안정한 토양으로 쉽게 포드졸로 변할 수 있다.

4) 적황색 포드졸토양(red-yellow podzolic soil)은 온난하고 습윤한 기후하에서 발견된다. 갈색삼림토보다 풍화 작용이 더 진전되어 있다. A층에서 염기가 용탈되고 B층에서 점토가 집적된다. 유기물 집적이 적으며 산화와 가수분해로 밝은 색의 적황색 빛깔을 보인다. 침엽수 내지 활엽수의 혼합림에서 볼 수 있고 적색포드졸은 활엽수에 약간의 침엽수가 있는 곳에서 볼 수 있다. 온난대로부터 열대에 걸쳐 널리 분포한다.

5) 삼림 갈색토양(brown forest soil, Braunerde)은 유럽과 아메리카의 포드졸 지대 남쪽에서 연속되어 나타난다. 활엽수림으로 덮여 있고 Fe, Al은 거의 이동하지 않고 A층은 부식을 품고 있어서 흑색을 갈색을 나타낸다. 갈색토란 B층의 색에서 유래하고 A층보다 B층 조직이 치밀하여 깨뜨리면 다릉형(多稜形)의 덩어리로 된다. C층은 풍화 작용을 받은 모암이다. 염기함량이 많으면 갈색토양 발달을 촉진시키는데 Ca가 중요함으로 석회암이나 녹암(greenstone) 계통에서 발달하는 경향이 많다.

6) 체르노젬(chernozem)은 러시아어로 흑토(black soil)로서 러시아 남부 우크라이나의 초원지에 잘 발달되어 있는 토양이다. 몽골, 중국의 동북 지방, 북아메리카의 중부, 남아프리카, 오스트레일리아 동남부에서 나타나며 주로 밀의 재배지로 이용되고 있다. 키가 큰 초본식물이 번성하여 생산력이 매우 높다. 여름철과 겨울철

의 기후 차가 현저하여 겨울에는 한랭하여 토양이 결빙함으로 물이 토양 중에 정체되어 있다. 봄철에 풀이 이 물을 이용하여 초원으로 발전한다. 그 후 건조하게 되어 5, 6월에 습윤의 결핍으로 초본류는 고사한다. 여름철 건기에 석회분의 침전으로 건조토양이 된다. 90-120cm의 깊이로 A층이 10% 이상의 부식을 품고 흑색을 나타낸다. 그 하부에는 석회층이 있다.

7) 프레리 토양(prairie soil)은 미국의 중서부의 장경초원(tall grass)에 생성된 토양으로 체르노젬과 비슷하다. 한랭하고 중간 정도의 습한 기후를 가진 지방에서 나타난다. 체르노젬지대와 갈색토양 및 적색토양 사이에 끼어서 존재한다. 프레리토양은 탄산석회의 집적층이 없어서 건조 지방에서 나타나는 체르노젬과는 다르다. 그러므로 프레리토양을 습초지토양(wet grassland soil)이라고도 한다. A층은 검은색과 회갈색이고 유기물이 풍부하다. B층은 유기층이 적고 황갈색(yellowish brown)을 나타내며 탄산석회는 A, B층에서 세탈되어 C층에서 쌓인다.

8) 율색토양(chestnut soil) 체르노젬지대의 동남부에 분포하고 체르노젬보다 더 건조한 지역에서 나타난다. 부식의 집적이 적고 토양층은 밤색이며 A층은 3-5%의 부식을 품고 황갈색이다. 나트륨 염류의 집적도 발생하고 있다. 몽골 지방과 만주에 상당히 널리 분포된다.

9) 시로젬(sierozem)은 반건조 사막토로서 초원회백토라고 하며 초본류 식생이 드문드문 나 있다. 지표에 석고, 탄산석회($CaSO_4 \cdot 2H_2O$)의 층이 토양층 내에서 발견된다. 표층의 염류는 세탈되고 A층은 회색과 갈색을 띤다. 율색토의 극단형이다.

10) 사막토양(desert soil) 온대의 한랭하고 건조한 기후하에서 나타나며 미국의 서부의 광대한 면적을 차지하고 있다. 자연식생이 드물고 주로 사막관목(desert shrub)으로 되어 있다. 표토는 밝은 회색-갈색이며 석고가 하층에 있어서 가끔 경반토(hardpan)를 형성한다. 이 경반토를 캘리시(caliche)[39]라고 한다. 미세한 토양입자는 바람에 날려가고 굵은 입자만 남아서 사막포도(desert pavement)를 형성한다.

11) 라테라이트(laterite, latosol, ferrallitic soil)는 라테라이트화 작용에 의하여

---

39) 건계에 모세관수에 의해 지하로부터 공급되는 탄산칼슘 염류는 지표까지 올라와 석회각(lime crust)을 만든다. 미국 남서부에서 사용되는 영어이다.

만들어진 토양으로 라틴어 later는 '벽돌'을 뜻하고 열대의 적색토양으로서 건계와 우계가 있는 지방의 지표 또는 지표 아래 전형적으로 발달하는 알루미늄의 수산화물의 교결성 집적물 토양이다. 이 물질은 대단히 단단한 층을 나타낸다. 이 토양은 토양의 집적층을 가리키고 있다. 장기간의 지질적 시간의 산물로 경우에 따라 수십 미터 이상의 풍화층을 형성한다.

12) <u>테라로사</u>(terra rossa)는 장미색깔의 토양으로 유럽의 지중해 연안에 분포하며 알프스산맥 북쪽에도 존재한다. 한서의 차가 크지 않고 우기와 건기가 현저한 곳의 석회암 또는 석회를 품고 있는 암석에서 풍화 작용을 받아 그 잔재가 퇴적해서 된 것이라고 보고 있다. 대부분 점토로 구성되고 토층전체(A, B, C)가 적갈색이며 부식층이 없다.

13) <u>황토</u>(loess)는 미세한 토립의 풍성물(風成物)이다. 비교적 강수량이 적은 지방에서 발달하며 대륙의 각지에서 분포한다. 중국의 화북지방은 세계에서 유명한 황토의 산지이다. 토성은 균일하며 주로 실트와 가는 모래이다. 석회분을 품고 있으며 수직의 균열이 많다. 침식단면은 항상 수직의 절벽이다. 황토의 기원은 사막기원, 빙하기원, 하천기원, 하구의 토층형성기원 등이 있다.

14) <u>염류토양과 알칼리토양</u>(saline soil and alkali soil)은 기후적 토양이라고는 할 수 없으나 반건조사막의 토양을 대표하는 종류로 인정된다. 기후적 염류토양은 건조한 조건에서 상승하는 지하수로부터 염의 공급을 받는 것으로 그의 생성은 어느 정도까지 기후 외에 그 지방 조건에 의하여 좌우된다고 간주한다. 러시아에서는 솔론차크(solonchak)라 불리며 미국에서는 white alkali soil이라고 한다. white alkali는 주로 Na, Mg, Ca의 염화물질과 $MgSO_2$ 탄산염으로 되어 있는데 그중에 NaCl이 가장 많아서 건조한 시기에 염류가 지표면에 얇은 두께의 백색의 피각(皮殼)을 생산한다. 이에 대조적으로 흑색알칼리 토양(black alkali soil)은 러시아에서 솔로네츠(solonetz)라고 한다.

5. 토양생성 인자

토양단면에 층위가 이루어지기 직전 모재가 만들어지는 과정을 풍화 작용이라 하고 그 후 토양단면이 이루어지는 작용을 토양생성 작용(pedogenesis)이라 한다. 토양은 그 주위 환경의 영향을 끊임없이 변화되는 동적인 자연체(dynamic natural body)이다. 결국에는 그 환경에 안정된 일정한 토양단면 형태를 갖춘 토양이 되는 것이다. 이와 같이 일정한 형태를 갖는 토양이 생성될 때에는 여러 가지 인자가 작용한다.

토양생성 작용

모암 (parent rock) – 풍화 과정 – 모재 (parent material) – 토양생성 작용 – 토양 (soil)

다시 풀이하면, 토양생성 작용은 모암에서 모재가 되었을 때 풍화 작용을 주면서 물질의 용탈, 집적, 분해, 합성, 산화와 환원 유기 및 무기물질의 상호변화 등을 통하여 토양에 일정한 형태적 특징을 주는 것으로 규정할 수 있다.

1) 모암과 모재

화강암은 라테라이트나 포드졸토양을 형성할 수 있고 현무암은 보크사이트와 갈색삼림토양을 만들 수 있다. 이러한 점을 고려할 때 모암은 다른 인자들과 비교할 때 그다지 중요하지 않는 것으로 파악되지만 그 영향은 적지 않다.

암석광물은 그 종류에 따라 풍화 작용을 받기 쉬운 것과 그렇지 않은 것으로 구분된다. 석회암과 이회암은 온대습윤 지방에서 풍화. 분해되어 부식이 많은 렌지나(rendzina)와 테라로사가 되는 것은 모재의 영향을 받아 이루어진 토양이다. 토양모재와 그 토양의 특성은 **표 11**과 같다.

표 11. 모재의 종류와 일반적 토양의 특성

구 분	생성과정	분포지역	일반적 토양특성
잔적층모재	모암이 풍화되어 원위치에 생성	저구릉·구릉·산악지	암석에 존재하는 광물의 종류 및 풍화정도에 따라 토성·토색 및 단면의 발달정도가 다름
붕적층모재	중력에 의한 운반 및 퇴적	산록경사지	중력에 의한 운반·퇴적되기 이전의 토양 특성에 따라 토성과 광물의 종류가 다르며, 자갈～바위를 불규칙적으로 함유
충적층모재	물에 의한 운반 및 퇴적	선상지·하성평탄지·혼성평탄지(하성, 해성)	지역 또는 지형에 따라 토성 및 광물의 종류가 다름
화산재모재	화산분출	용암류토지·분석구	화산분출시의 환경에 따라 화학적 조성과 토성이 다름
유기질모재	식물 잔해의 집적	이탄·흑니	생성된 환경에 따라 유기물의 조성이 다름

토양생성에 영향하는 모재의 특성은 모암의 조직, 투수성, 배수상태, 광물구성, 층리 등을 포함한다. 순수한 석영사암은 점토를 생산하지 않아서 포드졸을 만들 수 없다. 모재에서 Mg과 Ca이 부족하고 K이 많으면 점토 illite를 생산한다. 반대로 K 성분이 부족하고 Mg 성분이 많으면 몬모릴로나이트를 생산한다. 산성(acid)환경이면 토양단면의 발달이 보다 빠르며 모재가 석회분이 많으면 토양생성이 늦어지게 된다. 배수가 양호하면 치밀하고 불투수성의 모재보다 토양생성이 빠르다. 모재의 성질은 젊은 토양에 보다 영향을 크게 하고 오래된 토양에는 그 영향이 약하다(강영복, 1986).

2) 시 간

지표면이 장기간 유지될수록 토양발달은 양호하다. 화산분출로 인한 용암류에는 토양이 없으며 범람원에 퇴적된 새로운 충적층 역시 토양이 전혀 없다. 그러면 모재는 언제 토양이 되는가? 토양의 성질로 보아 그 토양이 환경과 평형을 이루어 충분히 발달한 상태로 되는 데 요하는 시간은 토양에 따라 매우 다르다. 수백 년 - 수천 년이 걸려서 그와 같은 상태로 되는 것이 있는가 하면 단지 수년간에 충분히 발달하는 토양도 있다. 성숙토(mature soil)란 토양생성인자들의 조합에 따라 시간이 지나면서 그 환경과 평형을 이루게 되면 특유한 단면을 나타나게 된 것을 말한다. 토양단면의 층위가 만들어지는 단계에 있으면, 즉 토양생성과정의 초기에 있는 토양을 미성숙토(immature soil)라고 한다. 잘 발달된 토양이 되기 위해서는 침식을 받지 않고 환경조건과 평형을 이루는 시간이 필요로 한다. 미국의 아이오와 주 북부의 토양은 플라이스토세의 모재에서 발달하였는데 대략 만 년 전에 노출된 것이다. Tamm(1932)에 의하면 스웨덴에서 호수의 물을 배수한 후 삼림에서 포드졸이 100년 내에 발생하였다고 보고한 바 있다. 한편 4-6인치 두께의 표백된 A2층이 발달하는데 1500년이 필요하다고 계산된 바도 있다(Tamm, 1920). 빙퇴석(glacial till)에서 생성된 토양은 300년에 불과하였다.

토성(soil texture)[40]이 조대하고 산성을 띠는 모재의 습윤 지역은 토성이 섬세하고 염기성 모재로 된 것에 비해 빠르게 진행되었다.

습하고 더운 곳과 식생이 풍부한 지역은 춥고 건조한 지역보다 토양발달에 요하는 시간이 적다.

3) 기 후

기후(氣候, climate)는 토양생성에 적극적으로 영향을 미치기 때문에 모든 인자 중에서 가장 중요하다. 물질의 용탈 및 집적에 의하여 층위의 분화가 일어나는 것도 기후의 영향이다. 대륙 지방에서는 기후의 상위에 따라 그에 상응한 특유의 성질과 형태를 가진 토양이 식생과 더불어 발달하는데 이것을 성대토양(成帶土壤, zonal soil)이라고 한다.

기후와 토양의 관계가 밀접하다는 것은 세계의 토양도와 기후도가 서로 비슷하

---

40) 토성은 모재의 특성을 반영한다.

게 그려진 점을 통해서도 알 수 있다. 성대토양은 기복이 완만하고 배수가 양호한 지역에서 나타나며 지표의 많은 부분을 덮고 있다. 기후요소로는 강수, 증발, 습도 등의 수분조건과 기온이 중요하다. 기후요소는 계절적으로 또는 일주적(日週的)으로 변하여 토양에 직접 영향을 준다.

강수는 토양에 수분을 공급하며 용탈작용에 중요하고 기온은 화학반응과 밀접하다. 온도가 높으면 화학적 풍화 작용이 촉진된다. 특정한 기후가 특정한 토양을 형성한다는 것은 일찍부터 알려져 있다. 열대습윤 지역은 박테리아 활동이 활발하여 유기물이 박테리아에 의해 소모되어 지표에 쌓이지 못하며 부식이 적고 한대 지방은 기온이 낮아 화학적 풍화 작용이 느리고 생물활동이 억제되어 유기물이 지표에 쌓인다(포드졸). 동시에 증발이 감소하고 용탈이 증가하며 연평균기온이 상승하면 점토형성이 많아진다. 특히 점토의 유형은 기후에 의하여 결정된다. 점토 smectite 는 건조 지역에서 더 많이 발견된다. **그림 50**은 강수와 온도의 변화가 토양형성에 있어서 관련성을 보여주고 있다.

얼음과 서리 작용은 토양수분조건에 영향을 주고 토양의 물리적 현상이 두드러진다.

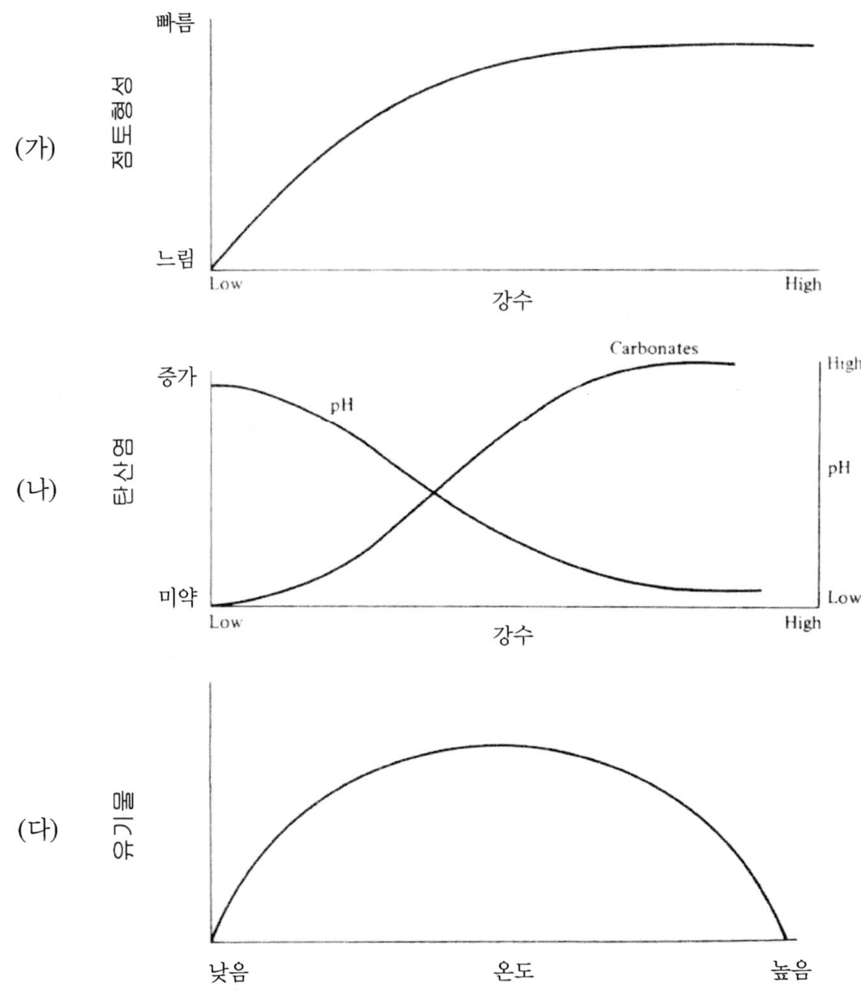

그림 50. 토양생성에 있어서 강수와 온도의 관련성(Black, 1968)

(가) 수분이 많을수록 점토생성률이 높다. (나) 강수가 많을수록 탄산염이 증가하고 산도는 감소한다. (다) 유기물의 집적은 생물적 생산과 분해 사이의 균형이다. 기온이 적당할 때 최대의 집적이다.

기온과 강우량을 결합시킨 숫자로서 토양형을 결정하는 지수로 삼아 Lang은 우량계수(rain factor)를 만들었다. 연평균 강수량(mm)을 연평균기온(℃)으로 나눈 값을 취하였다.

$$\text{우량계수(RF)} = \frac{\text{연평균 강수량(mm)N}}{\text{연평균 기온}(\text{℃}) = \text{T}}$$

표 12. 우량계수와 토양형

구 분	토양형	N-S 계수
건조	사막 · 사막초원토	0~100
반건조	율색토	100~275
반습윤	체르노젬	125~350
습윤	갈색토	275~500
과습윤	포드졸	375~1,200
	툰드라	500~600
	고산토양	1,000~1,400

강수와 증발률(precipitation / evaporation)도 역시 중요하다(PE지수). 강수가 증발을 초과하면 배수과정에서 이온의 소실이 크다. 반대로 증발이 강수보다 크면 토양단면에서 염분의 집적이 발생한다. **그림 51**은 기후의 차이에 의하여 형성된 토양대(성대토양)가 표시되어 있다.

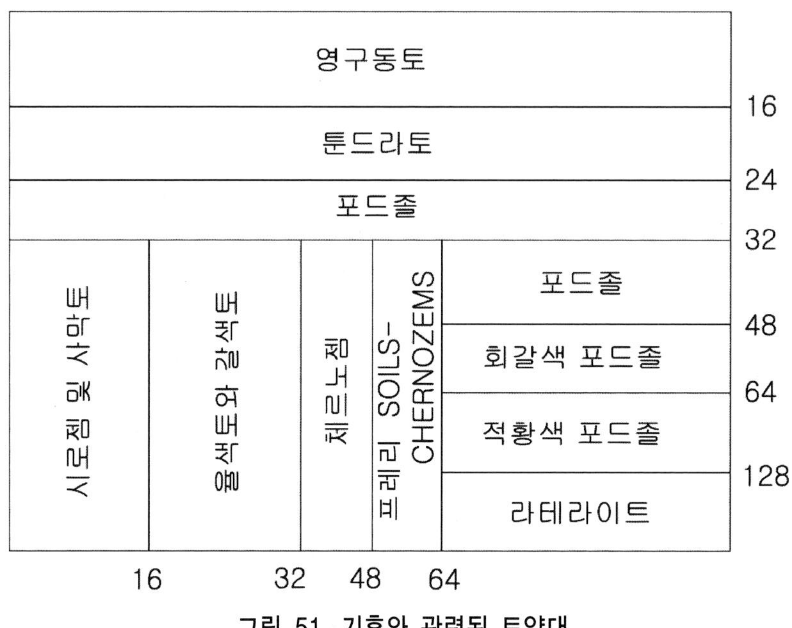

그림 51. 기후와 관련된 토양대

밑변의 숫자는 PE지수이고 수직은 TE지수이다.

Meyer는 N－S계수(N－S quotient)로써 각 토양형의 상호관계를 나타낸 바 있는데 지역에 따라 대체로 잘 들어맞는 것으로 소개된다.

N－S계수는 다음과 같다.

$$N-S계수 = \frac{연평균 \; 강수량(mm)}{포화편차(mm)} \qquad 포화편차 \; S = \frac{V \times (100-H)}{100}$$

V: 연평균 기온에 대한 포화수증기압

H: 연평균 관계습도

N: Niederschlag(강수)

S: Sattigungsdefizit(포화차)[41]

---

41) 포화편차(saturation deficit); It is the difference between the highest possible vapor pressure(12.73mm at 15°C) and the actual vapor pressure(75%). 15°C에서 수증기가 가진 압력이－최고압이 12.73mm－상대습도가 75%이면 포화차는 12.73×0.75＝9.54mm

강수량이 많고 증발량이 많고 적음에 따라 미국의 토양은 습윤형 성대토양인 페달퍼(pedalfer)와 건조형인 페도칼(pedocal)로 크게 나뉜다(**그림 52**). 페달퍼는 연강수량이 600mm 이상인 동부 지방의 토양으로 용탈이 심하여 가용성 염기가 부족하고 알루미늄과 철의 잔류성 산화물질이 풍부하다(포드졸, 적색토). 페도칼은 연강수량이 적어 염기의 용탈이 미약한 미국 서부 지방의 토양으로 탄산칼슘이 풍부하다[42](사막토, 회색토, 시로젬 등).

특히 토양층에서 부식이 거의 없고 토층발달이 불완전하여 백색의 탄산칼슘이 지표면까지 올라와 단단한 석회각(lime crust)이 만들어지는데 북아메리카 서부에서는 캘리시(caliche)[43]라고 알려져 있다.

으로 여기에서 12.73 − 9.54 = 3.19mm가 된다. N − S계수가 1200mm이면 N − S = 1200×3.19 = 376가 N − S계수이다.

42) 텍사스 주 중부에서 미네소타 주의 서쪽까지 그리고 캐나다 내륙까지의 서부는 토양층 상부에 탄산염의 집적으로 강한 알칼리 토양 지역이다. 미국의 동부는 습윤 지역으로 대비되는 산성토양 지역이다.

43) Applied in western North America to a <u>hard surface encrustation of calcium carbonate,</u> as the result of solutions rising to the surface by capillarity.

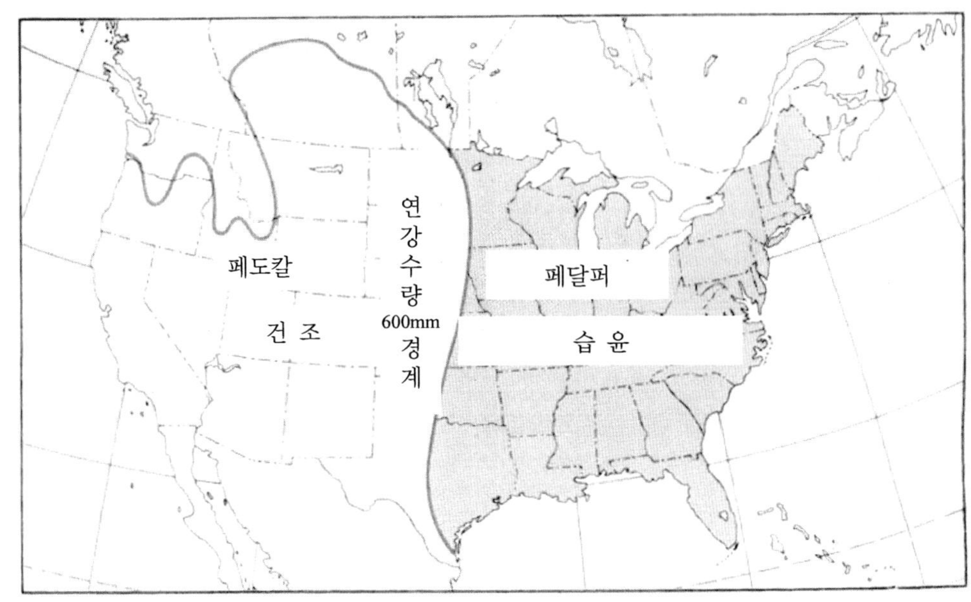

그림 52. 미국의 토양구분

강수에 의한 용탈을 기초로 하여 습윤 지역의 페달퍼(Pedalfer)와 건조 지역의
페도칼(Pedocal)의 2개로 분류한다.

4) 지 형

　지형은 토양생성과 풍화 작용에 여러 방법으로 영향을 주고 있다. 일반적으로
지하수면이 높고 지면이 평평하면 토양의 침식이 적어 토양층이 두껍게 발달할 수
있다. 스웨덴의 포드졸연구에서 지하수면의 영향을 받지 않는 구릉상에는 철포드
졸이 생성되었고 지하수면의 영향을 받는 곳인 낮은 사면에서는 부식포드졸이 있
었고 제일 낮은 부분에서는 회색의 습지토양이 생성되었다(Mattson and Lonnema,
1941). 배수가 불량한 곳은 미립물질이 집중적으로 쌓여 점토질 토양이 형성되어
토탄(peat)이 발견된다. 토탄은 습지환경에서 잘 형성되며(glei층이 발달) 간대토양
에 속한다. 경사가 급한 곳은 빗물에 의하여 침식이 증대하고 거친 입자가 잔류하
여 토양형태가 미약하다. 평탄한 곳은 미립물질이 운반되어 쌓여 침전되면 치밀하
고 견고한 점토팬(clay pan, planosol)이 형성된다. 석회암 같은 균열이 많은 암층

이 존재하면 물이 지하로 침투하여 상부층은 건조되어 토양생성에 영향을 주게 된다.

5) 생 물

생물적 인자는 풍화 작용에 중요할 뿐 아니라 토양생성에 대단히 중요하다. 유기물은 토층에 있어서 기본적인 특색이다. 토양의 벌레들은 토양을 요동시키고 토양입자를 분리 또는 혼합함으로써 토층을 파괴시킨다. 각종 벌레들은 구멍을 파며 배설물을 생산하여 토양의 공극률과 비옥도를 높인다. 토양과 식생의 분포는 토양과 식생에 의하여 규제되어 서로 밀접하게 관련된다. 산림토양과 초지의 토양을 비교하면 초지의 것이 두 배 이상의 유기물을 갖고 있으며 전 토층에 골고루 분포하고 흑색을 띠고 있다. 삼림토양은 용탈과 세탈이 활발하여 B층을 현저히 발달시킨다. 포드졸은 침엽수림의 한랭습윤 기후에서 생성되고 갈색산림토는 포드졸지대 남쪽에 연속되어 있으며 활엽수의 습윤온대 기후에서 나타난다. 이 토양에서는 염기가 상당히 세탈되어 있으나 Fe, Al은 거의 이동되지 않는 불안정한 토양으로 쉽게 포드졸로 될 수 있다. 이것은 전적으로 식생에 달려 있다. 식생은 양분의 저장과 낙엽의 근원으로 되기에 중요한 역할을 한다.

6. 토양 생성작용 유형

1) 포드졸화 작용

아극 지방의 침엽수림인 타이가(taiga)에서 가장 활발하게 진행되는 토양생성작용이다. 토양 상층부에서 세탈이 진행되어 토양입자는 흰 가루 형태로 덮여 토양은 잿빛의 표백층이 된다. 용탈층(A2)에서 Fe과 부식이 씻겨 내려감으로써 밑에 있는 집적층(B)에 쌓이면 더욱 현저한 회백색을 나타낸다. 집적층의 색이 Fe_2O_3로 되면서 진한 갈색 또는 붉은색이면 그 토양층을 철포드졸(iron podsol)이라 하고 부식(humus)이 퇴적되어 그 층이 흑색 또는 진한 갈색이면 부식포드졸(humus podsol)이라 한다. 토양에서 염기가 심하게 용탈되어 그리고 미생물에 의한 분해에서 산성물질이 생성된다. 유기물층에서 생성된 산이 침투수에 의하여 밑으로 이동할 때에 무기토양에서 치환성 양이온을 씻어 내어 산도를 감소시킨다. 이러한 산성화 풍화 작용은 Fe, Al의 양이온을 현저히 상실하고 규산을 남게 한다.

2) 라테라이트화 작용

열대와 아열대, 사바나기후 지역에서 고온과 습윤 환경에서 이루어진다. 풍화 작용과 부식화(humification)가 급속하며 용탈이 활발하고 생물활동이 많아 지면에 낙엽이나 양분이 쌓이지 않는다. 양이온과 염기는 비교적 Fe, Al, Mn보다 많이 소실됨으로 토양의 상층부는 Fe, Al이 집적되어 규철반비 $SiO_2 / Al_2 O_3$는 감소함으로 토양의 성질이 변한다. 토색은 Fe이 침전되어 적색 또는 황색으로 접착력이 줄어든다. 침투수의 pH는 7 부근에서 머물고 중성 – 약염기성 조건하에서 가수분해가 진행된다.

습할 때는 비교적 부드러우나 건조하면 단단하여 벽돌과 같아 라테라이트(laterite)라는 명칭이 나왔고 토질이 척박하여 농작에 불리하다.

3) 글레이화 작용

지하수면이 높은 저습지 또는 배수가 불량한 곳은 산소공급이 불충분하여 토양은 환원상태로 되어 Fe^{3+}은 Fe^{2+}로 되고 토색은 녹청색이나 청회색을 나타낸다. 기온이 낮고 유기물이 쌓여 강산성을 띠고 점토질로 치밀하다.

4) 석회화 작용

수분의 증발량이 강수량보다 많은 건조 지방과 스텝(steppe) 지역에서 진행되는 토양생성작용이다. 우기에는 용탈이 일어나서 염화물, 황산염은 세탈되고 규산염의 가수분해로 생긴 칼슘, 마그네슘은 토양 전체에 집적된다. 유기물분해가 늦어지고 부식이 쌓인다. 건기에는 탄산칼슘이 모세관수를 따라 상승하여 B층에 집적된다. B층은 얇으며 A, C층으로 매우 비옥하다.

5) 염류화 작용

일반적으로 건조 지방에서는 가용성 염류가 토양에 집적된다. 염류와 탄산염, 염화물, 질산염 등이 표층에 쌓여 피각(crust)을 형성한다. 미국에서는 알칼리 백토(white alkali soil)라고 부르며 일괄적으로 염류토양(saline soil)이라고 한다. 솔로네츠(solonets)는 나트륨 염류의 분해로 용출된 나트륨이 탄산염을 만들고 가수분해에 의하여 수사화나트륨을 만든 토양이다. 부식의 축적은 진행되어 일부는 점토와 함께 이동하여 집적층을 형성하고 있다.

7. 동적 자연체로서 토양과 안정상태의 토양

토양층위의 분화가 시작되는 단계에 있는 토양, 즉 토양생성과정의 초기에 있는 토양은 풍화 작용이 어느 정도 진행이 되어 있다. 이를 미성숙토(immature soil)라 하며 이보다 미숙한 토양은 젊은 토양(young soil)을 간주하고 풍화 작용의 진전이 충분하고 토양생성인자에 따라 그 환경과 평형을 이루고 토양단면을 나타내면 성숙토양(mature soil)[44]이 된다(Jenny, 1941).

Miller(1966)가 미성숙토, 성숙토, 노년기의 토양으로 분류한 것을 보면,

---

44) <u>A mature soil</u> represents the steady state of the dynamic system comprising the soil and its environment, the latter including the climate and the organic world (Nikiforoff, 1942).

미성숙토: 풍화 작용의 미약 및 용탈이 거의 없는 상태 그리고 지표면에는 다량
의 유기물의 집적. A와 C층만 있음.

성숙토: B층이 잘 발달됨.

노년기토양: A층과 B층의 성분상에 현저한 차이점 존재.

여기에서 각각의 사례를 들어 Regosol을 미성숙토양으로, Prarie토양을 성숙토
로, Planosol을 노년기토양으로 간주했다. 이러한 견해는 토양조사자와 상태에 따
라 조금씩 차이가 있다. 토양은 물리적으로 약하고 공극이 많으며 화학적으로 토
양수에 의하여 토양 내 물질이동이 가능하여 생물체를 지탱시켜 주고 양분을 공급
한다. 암석의 풍화 산물의 분해, 이차광물의 생성 등은 토양환경에 있어서 중요하
게 취급된다. 토양은 풍화 산물과 생물체로 된 단순한 지각 표면의 최상층에서 기
후와 물과 이곳에서 살고 죽는 생물의 영향으로 동적으로 변화 생성되는 동적 자
연체(動的自然體, dynamic natural body)라고 규정짓게 되었다. 토양이 형성된 후
라도 여러 인자가 끊임없이 작용함으로 토양은 정지 상태에 있는 것이 아니라 환
경에 따라 항상 변하고 이어서 동적 자연체라고 간주하게 되는 것이다(권순식,
2005).

안정상태의 토양(steady state soil)은 동일한 형태를 가지지 않는 지표조건과 평
형(equilibrium)을 가진 토양이다. 이것을 단순한 형태로 본다면 침식으로 토양생
물질의 소실과 풍화 작용으로 생성물질의 획득이다. 물질의 소실은 토양 상층부이
고 획득은 하층토로서 토양단면은 서로 다른 층위의 일정한 단면을 유지하는 것이
다. 많은 특색을 가진 단면은 평형을 가진 안정토양에 있는 것이다. 유기물질은 단
면에서 분해되는 만큼 동시에 보충되고 점토가 용탈되는 양만큼 풍화 작용에 의하
여 점토가 생산된다. 토양단면이 사면의 일부분인 경우 하부사면에서 물질의 소실
되는 양만큼 상부사면에서 물질은 추가된다. 단면 내를 용액상태로 통과하는 이온
물질과 사면을 통과하는 녹설물(colluvium)도 마찬가지다.

8. 토양 카티나(catena)

토양 연구자들은 토양의 성질이 지형(사면)과 토양의 위치가 관련이 있다는 것을 밝혀내고 있다. 즉 토양과 지형과는 발생학적 관련성이 있으며 규칙적인 반복현상이 나타난다는 것이다. Milner(1962)는 이것을 토양 catena(라틴어로 사슬, chain)라고 사용한 바 있다.[45]

토양의 성질은 토양이 형성되는 사면의 방향이 기후와 토양에 영향을 주고 있다. 사면의 경사도에 따라 지표 유출과 침식률이 사면에 따라 다양하다. 지표의 낮은 지역은 주변의 높은 지역에서 운반 퇴적된 물질과 유수의 퇴적이 쉬운 곳으로 여기에서 토양의 성질이 다양하게 된다(**그림 47**). 연구자들은 사면을 따라 나타나는 각각의 토양이 파랑상의 고지와 수분이 모이는 곡저에 위치한 토양(지하수면에 의하여 영향을 받는다)과 뚜렷한 관계를 유지하는 것을 주장한다. 이것을 지형층서(地形層序, toposequence)라고 한다. 그러나 실제지형과 토양의 상호작용 양상은 매우 다양하다. 퇴적물이나 토양층 뿐 아니라 동적작용인 지형형성작용과 토양형성작용도 상호작용한다. 지형학내에서 토양에 대한 연구로써 카티나 연구는 현재 활발하다. 고산지역의 토양 카티나는 사면방향에 따라 뚜렷한 단면을 보인다. 지표 기복이 있는 고지의 위치에 따라 형태적 변이가 다양하다. 낮은 지형에서 토양은 지하수면의 변동에 따라 반점이 나타나고 글라이화되어 적색과 흰색이 교차되는 무늬가 관찰된다.

---

45) 'a regular repetition of a certain sequence of soil profiles in association with a certain topography.' 카티나는 Milner에 의해 제시된 개념으로 사면형태와 토양발달의 상관관계에 대한 개념적 공식화에 해당한다. 그는 원래 지도화를 위해 토양을 분류하는데 있어서 자연현상을 반영하기 위한 기술적이고 형태적인 차이로써 고려한 하나의 단위로서 카티나를 인식하고 지형적상황과 관련시켜 개념을 설정하였다.

10

풍화 작용과 지형

  풍화 작용은 기후 및 암석의 구조적 특징, 장기간의 시간을 통하여 지표상에서 차별적으로 진행되는 것이 일반적이다. 차별적 풍화 작용은 차별적 침식작용으로 이어지고 결국은 여러 가지 형태의 지형을 생성한다. 풍화 작용 자체가 직접적으로 지형발달에 영향을 주기도 한다. 즉 암석과 지표는 풍화 작용 진행에 따라 다양한 반응을 보이며 이러한 다양성은 기후환경과 암석특징의 차이에서 기인한다. 암석의 차이는 주로 화학적 풍화에 영향하는 화학적 및 광물적 성분이다(**그림 53**).

  암석을 구성하는 광물성분이 화학적 변질을 받아 저밀도의 새로운 광물을 생성하게 되는 것은 풍화 작용으로 인한 이완에 따른 팽창의 결과이다. 광물로 구성된 암석 역시 풍화 작용의 결과 팽창한다. 지표에서 하나의 암석이 풍화되면 체적의 변화(volume change)로 이어져 뚜렷한 풍화의 특징을 보여준다. 하지만 대부분의 풍화 작용은 지면 아래 깊은 곳까지 체적변화가 없이 발생한다(Ollier, 1969). 심층 풍화 작용의 지역은 화학적 풍화 작용과 광물의 변질작용에도 불구하고 원래의 암석구조가 고스란히 보존되어 있다. 예를 들면 풍화층 내에서 석영맥이나 절리, 미세한 단층의 모습, 성층의 구조 심지어 포획암 등이 그대로 간직된다. 절리로 블록화된 암괴들이 절리의 파괴나 변형 없이 변질된다는 것은 연상이 되지 않으나 실제로 원래의 절리 암괴들의 윤곽이 뚜렷하게 관찰된다.

풍화 작용에 의한 지형은 침식형과 퇴적형 및 복합형으로 분류가 가능하다(**그림 54**). 침식형은 풍화 현상이 기반암에 선택적으로 직접 영향하는 경우이다. 퇴적형은 애추(talus)와 같이 암벽에서 암편이 쪼개져 낙하하여 쌓이는 경우와 석회동굴 내부에서 화학적 집적(集積) 지형을 들 수 있다(speleothem). 암괴류도 이에 속한다. 복합형은 풍화 작용이 주요 역할로 작용하고 운반과정이 포함되지 않는 지형을 형성하는 경우이다. 토르와 풍화층, 에치평원(etch plain)이 이에 속한다.

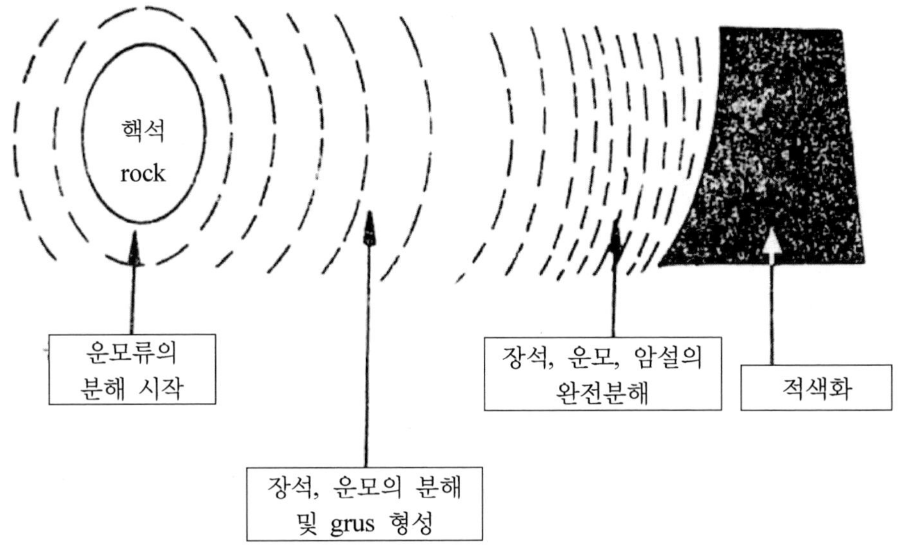

그림 53. 핵석 암괴 주변의 풍화층 발달

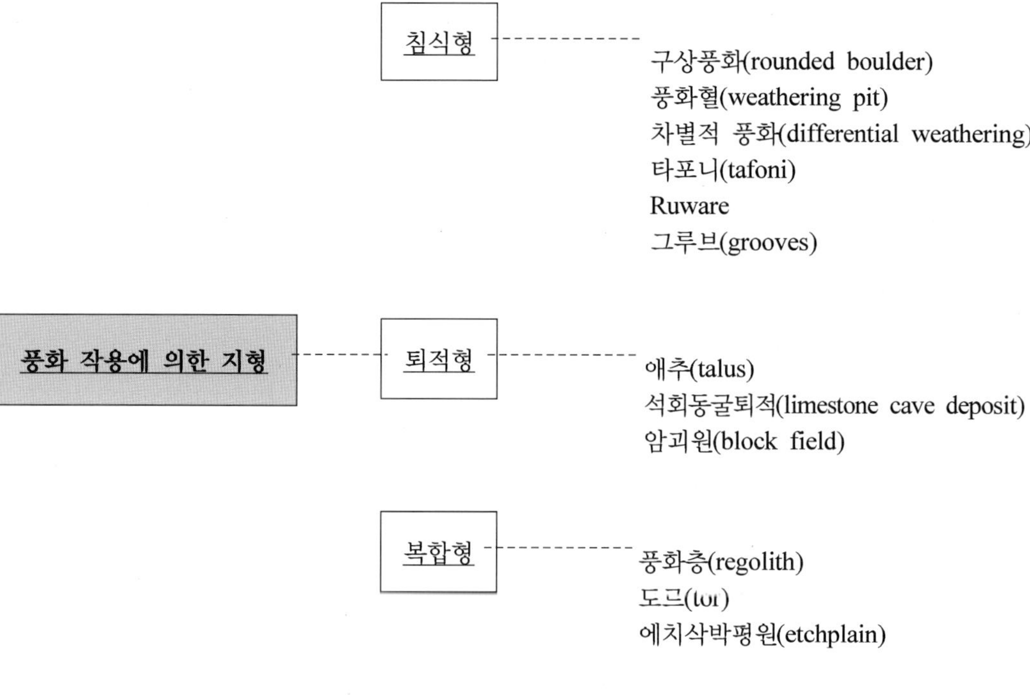

그림 54. 풍화 작용에 의한 지형분류

1. 풍화층[46]

지표상에 노출된 암석은 물리적, 화학적 풍화 작용으로 변질되어 있음을 쉽게 관찰할 수 있다. 지표피복물을 포함하여 이러한 잔존물질들이 지표지형으로 나타나 풍화층(weathering regolith)을 형성한다. 여기에는 이미 기술한 두께(깊이)와 구성에 상당한 변화와 구조적으로도 다양하다. 여러 기후 지역에 따라 암석은 풍화

---

46) 사전적 의미는 다음과 같다. 'all surficial materials above fresh bedrock'
Regolith; A general term for the layer or mantle of fragmental and unconsolidated rock materials, whether reisdual or transported and of highly varied character, that nearly everywhere forms the surface of the land and overlies or covers the bed rock. It includes rock debris of all kinds, volcanic ash, glacial drift, alluvium, loess and aeolian deposits, vegetal accumulations, and soil(Ollier & Pain, 1996)p.10.

잔존물로서 암괴노출의 형태로 또는 분해된 분지지형으로 형성된다. 화강암의 경우 풍화 작용의 진행이 순조로우면 심층 풍화되는 경향이 있으며 평지에서는 충적지와 구릉대 또는 분지를 이루지만 풍화에 대한 저항성이 크면 암괴가 노출된다.

같은 지형적 상황이라도 단층이 존재하거나 절리밀도가 높은 곳에서는 풍화층이 주변보다 깊이 발달한다. 산지는 암괴노출이 심하여 풍화 작용은 절리를 따라 제한적이다. 온대 지역의 풍화층은 화학적 풍화가 주도적인 역할을 하며 온대환경 이전에 고온다습한 환경에 놓였을 경우에 모식적인 심층풍화층이 관찰된다. 풍화층 단면에서 화학적 성분들의 변화상을 살피는 작업이 필요하다. 단면에서 제거되는 성분들의 용탈률을 파악함으로써 손실되는 주성분이 무엇인가를 추론할 필요가 있다.

외적 작용에 의한 풍화 작용은 대기의 열적, 수리적 영향을 크게 받으며 토양의 모재로서 중요한 것이다. 풍화층은 지표의 일차적 자연환경을 구성하며 물과 공기의 순환을 규제하고 토양층의 생성과 생물활동의 터전이 될 뿐 아니라 지형발달에 적극 참여한다. 풍화 작용은 모든 지형형성용의 시작이며 풍화층의 특징을 파악한다는 것은 지표환경을 이해하는 데 기본이다. 풍화층 연구(regolith studies)의 범위는 미지형으로부터 전 세계에 걸쳐 있으며 지역적 또는 지리적으로도 무척 다양할 뿐 아니라 연구방법도 서로 다르다. 풍화층은 경제적으로도 중요한 물질로 간주된다. 여러 종류의 광물과 지하자원이 잠재되어 있다. 한편으로 터널이나 도로, 댐건설 등 공학적인 중요성도 강조되고 있다(Ollier & Pain, 1966 권순식, 2005).

풍화층은 비교적 경사가 완만하고 이동이 제한되며 평형상태에 도달한 풍화 단면(weathering profile)을 갖는다. 결정질 암석인 화강암의 경우 물리적, 화학적 풍화가 잘 진전되고 풍화층의 깊이가 5-10m에 달하는 이른바 심층풍화 지역도 보편적으로 관찰된다(Twidale, 1982; 권순식 2005). 화강암은 조암광물 입자의 배열이 불규칙하고 공극률도 낮아 초기에는 물리적 쪼개짐으로 암괴화되고 흑운모, 사장석이 후기에 화학적으로 풍화되어 부피가 팽창하고 조직이 쉽게 이완되어 새프롤라이트가 된다. **그림** 55는 강원도 대관령의 흑운모 화강암 풍화층의 모습으로 남동방향으로 사면경사 10-12°에서 발달된 단면이다. Ruxton and Berry(1967)의 풍화 단면 구획에 따라 구분한다면 zoneⅥ에 해당한다. 층후 50㎝-1m 정도의 피복물질로 이루어진 부분은 직경 4－5㎝의 암설와 10㎝ 내외의 각력층 그리고 20㎝－30㎝의 암괴가 황갈색 또는 회갈색의 미립물질로 혼재되어 있다. 풍화 작용의 결과로 생성된 사질층은 실트질이 25－30%로 우세하고 점토가 3% 정도 함유되었다(권순식, 1987). 약간의 유기질 콜로이드를 포함하며 분급이나 성층현상은 결여된다. 암괴와 자갈들은 화강암기원이며 장축이 사면방향으로 배열되고 풍화층 밑으로 갈수록 적갈색을 띠고(7.5YR) 치밀해진다. 최상층의 zone V와 IV에서는 수평의 미세한 균열(cracks)이 촘촘히 발견되고 모래로 된 부분의 균들은 사면 아래쪽으로 커브를 보인다. 여기에는 석영기원의 모래(grus 또는 growan)가 많이 차지하고 있다. 풍화 구역 zone Ⅲ, Ⅱ 및 Ⅰ은 모서리를 가진 단단한 핵석들이 직경 20㎝ 크기로 다수 관찰되고 구상풍화는 진전되지 않았다. 풍화 전선 (weathering front)은 노출되지 않는다.

그림 55. 화강암 풍화층의 단면
단면의 상부는 운반된 피복물질이며 중간과 하부는 원래의 풍화 상태를 보이고 있다.

풍화층은 다수의 구역으로 구분되고 있으며 제자리에서 풍화된 밑의 암석층은 새프롤라이트이고 풍화층은 토양층을 포함 운반퇴적물, 섞여서 재분포된 풍화 구역 전체 단면을 말한다. 풍화 단면층의 상층부는 체적변화가 현저하나 새프롤라이트층은 체적변화가 없다. 체적변화가 있는 상부층은 '팽창된 새프롤라이트'(expanded saprolite)라고 부르는 것이 타당하다. 여기에서 풍화층을 정리하면 지면에는 운반 퇴적된 물질을 포함한 토양층, 팽창된 세프롤라이트 그리고 제자리 새프롤라이트로 구성된다.

다수의 토양층은 체적불변의 단면을 보이는데 라테라이트의 표백층(pallid zone)은 암석구조가 뚜렷한 체적불변의 변질 새프롤라이트를 가진 토양층이다.

풍화층에서 특이한 구조는 한랭 지역에서 물리적 풍화 작용으로 생산된 모래와 실트층 등의 미립자 구조물에서 발견되는 엽상구조(葉狀構造, laminated structure)이다. 이는 풍화층 내에서 활발한 결빙작용 및 융설수에 의한 설식과 토양층 내부에서 수분이 증가함에 따라 주빙하 작용(cryo-nival process)이 진행되어 엽상으로 쪼개진 것으로 파악된다(**그림 56**). 풍화층내에서 석영, 정장석 등 대부분의 광물들이 화석적으로 풍화되지 않은 원래의 광물들의 모습을 지니고 있으며 사장석은 분말형태로 흑운모는 거의 변형되지 않은 모습으로 관찰된다. 균열을 보이는 부위는 운모류가 치밀하게 붉은색으로 착색되어 있다. 온대 지역의 화학적 심층풍화층에는 지난 빙기에 영구동토층이 형성되어 결빙에 의한 물리적 작용이 가하여져 복합적인 풍화층(periglacial regolith)으로 나타났다.[47]

---

47) 한국의 경우 고산지대인 대관령(773m)에서는 지표아래 5-6m, 청주지역 등 저지대에서는 10m이상의 깊이에서 결빙구조가 관찰되고 있다. 이러한 구조는 일반적인 풍화작용이 진전된 상태에서 발견된다. 결빙구조는 마지막 빙기(Würm)이후의 고환경에서 형성된 것으로 연구되어 있다. 이러한 풍화층은 화강암 뿐 아니라 편마암, 퇴적암풍화층, 단구 퇴적층 및 해안사구층에서도 확인 되었다. 제4기 기후환경의 주빙하지형으로 규정하고 토양수분함량이 높고(적설량이 많은) 심층결빙이 진행될 수 있는 조건하에서 생성된 것으로 판단하고 있다(기근도 1999, 김영래 2004).

그림 56. 풍화층 내부에서 발견되는 엽상구조(periglacial regolith)

습윤풍화층의 기저부로부터 상층부로 가면서 엽상구조가 보다 치밀해지며
단면상에서 광물의 풍화상태도 파악할 수 있다. 결빙과 융해의 반복과정에서
치밀하게 굳어진 구조이다.

2. 풍화층의 사면이동

사면이동(mass movement) 현상으로 풍화층이 사면을 따라 이동하거나 사면 아래를 향하여 기울어진 모습을 지표에서 관찰할 수 있다. 이러한 현상은 중력에 의한 이동으로 대규모의 사태(沙汰, landslide)를 제외하고는 토양층을 포함하여 풍화층 내부의 암설들이 조금씩 사면하부로 이동해 간다. 특히 한랭한 지역은 솔리플럭션(soilfluction)과 결빙포행(frost creep)으로 분급 현상 없이 밀려 내려간다. 수분을 많이 포함한 부분은 이동범위가 크다. 절리 사이와 균열이 발달한 부위로 수분이 유도되고 결빙과 융해로 포행하여 수평절리는 사면 아래쪽으로 커브를 그리고 있다(**그림 57**). 여기에서는 풍화층 전체가 사면 아래쪽으로 기울어진 모습을 보이고 수평, 수직절리들의 배열이 찌그러진 계단상 구조로 변형되어 관찰된다(권순식 1987, 2005).

결빙에 민감한 물질이 결빙할 때, 눈의 작용(snow action), 바람의 작용[48]과 더불어 지표면에서 빙정(ice crystal)이 성장하여 물질의 입자들이 상승하면서 풍화층이 교란된다. 경사가 있는 곳에서 이동하는 물질이 계속하여 사면 아래로 재배치된다. 풍화층 상단에서는 장축이 사면방향을 향한 자갈들을 많이 볼 수 있다. 정상부의 평탄한 사면이 발달한 곳은 강우시 면상침식과 융설시의 설식(nivation), 바람에 의한 침식들이 복합적으로 작용한다(권순식 1987; 기근도 1999).

한국의 대관령고도에는(1000m 이상) 능선부 지점이나 정상부에서 1-2m의 얇은 층의 풍화층의 이동이 관찰된다. 특히 야외관찰에 의하면 토양층 B층에서 진한 적갈색의 무늬가 단단한 밴드모양으로 사면 아래로 휘어져 있다(**그림 58**). 분석에 의하면(오경섭 1999) 풍화층 내에서 두께 1-3㎝ 정도의 띠 모양으로 세립질 집적대가 발달되어 있다. 결빙이 진행됨에 따라 압력이 발생하여(cryostatic pressure) 미립물질(무기질 점토, 철분, 유기질 콜로이드 등)이 치밀하게 축척된 후 수분을 상실하고 성장하는 얼음렌즈(ice lens)로 인하여 딱딱해지며 녹은 후에도 원상태로 돌아가지 않는다(Harris, 1981; Van Vliet-Lanoe, 1985).

---

48) 바람은 겨울철의 강풍을 포함하여 연중 불고 있으며 적설의 재배치, 미립 물질의 제거에 중요한 역할을 한다.

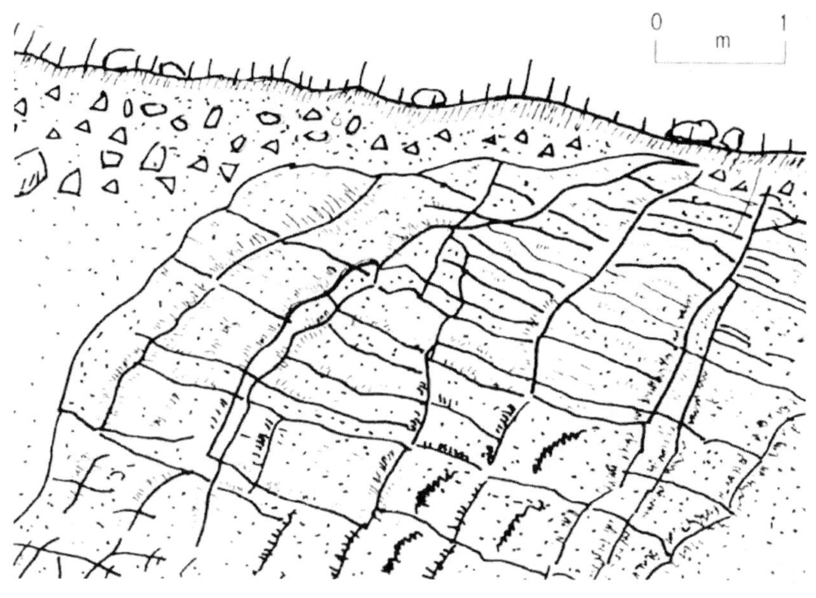

그림 57. 풍화층의 결빙포행(frost creep)

수평, 수직 절리가 결빙포행으로 사면 아래쪽으로 커브를 나타내고 있다.

그림 58. 풍화층내 적색의 Bt-band(대관령)

띠 모양의 미립이 집적층이 사면 아래로 커브를 나타내고 있다.

3. 구상풍화 작용

일반적으로 박리(exfoliation) 형태로 팽창에 따른 풍화 작용이라고 알려져 있지만 체적불변(constant volume alteration)의 현상으로 보는 연구자도 있다(Ollier, 1969). 구상풍화는 지하에서 발생하고 가수분해에 의한 화학적 풍화 작용의 결과로 간주된다. 구형도가 높은 암괴(핵석)들은 풍화대가 두껍게 발달한 곳에서 관찰되고 있다. 풍화층 밑으로 갈수록 암괴는 커지고 지표 가까울수록 작아지고 구형도(球形度)는 높아진다. 기반암의 절리조직이 수직, 수평으로 구성된 경우에 기반암은 4각형의 블록으로 구분되어 있는 암체에 수분침투가 용이하여 뾰족한 부분과 모서리에 영향하여 박리가 진행되면서 결국에는 암괴가 원형으로 풍화된 암괴(spheroidally block)로 만들어진다. 지표에 노출된 구상풍화의 암괴들은 침식, 삭박과정이 오래 되었고 두꺼운 풍화층이 벗겨졌음을 의미한다. 한국에서 풍화층의 삭박을 제3기에 집중적으로 이루어졌으며 구릉지의 형성도 대부분 이 시기이다(장재훈, 2002). 지면에 일단 노출된 구상풍화(球狀風化) 암괴는 팽창으로 곧 체적변화가 시작된다(**그림 59**).

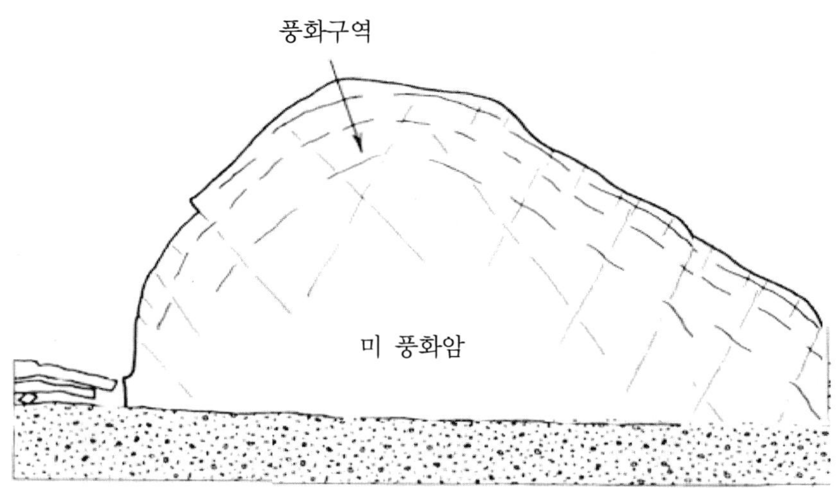

가. 물리, 화학적 풍화 작용은 암괴표면 쪼개진 틈에서 동심원상으로 진행
   된다. 암괴의 밑부분은 묻혀 있다.

나. 직경 1－2m의 구상풍화 작용의 결과로 지면에 노출된 암괴
   (핵석의 노출)

그림 59. 구상 풍화작용(spheroidal weathering)

가. 모식도   나. 동심원상으로 둥글게 된 암괴

4. 애 추

애추(talus)는 노출된 기반암의 수직단애 또는 급경사 아래에 절리로 분리된 암괴 (joint‒block)와 굵은 암설들이 개별적으로 그리고 집단으로 낙하하여 쌓인 돌무더기와 단애 아래에 형성된 풍화 물질을 가리킨다. 풍화 작용에 의하여 생산되는 암설이 단애면에서 자유롭게 낙하하여 급사면 밑에 애추지형을 형성한다(**그림** 60).

그림 60. 암설로 덮인 애추 사면
경사는 20° 이상이며 사면의 형태는 직선형이다.

애추지형은 장기간에 걸쳐 이루어지며 형태가 추(錐, cone) 또는 선상지(fan) 모양으로 관찰되며 단단한 절벽의 절리조직이 잘 발달하고 균열밀도가 높아 수분이 원활하게 스며들어 동결파쇄(frost shattering)가 현저한 경우로서 대부분 과거 빙기에 형성된 것으로 판단된다. 계절적으로 물리적 풍화 작용이 가해지는 환경으로 주빙하 조건에 의한 주빙하 지형에 속한다.[49] 애추는 사면을 형성하여(talus slope or debris slope) 이동 가능하다. 암설의 크기가 굵으면 애추사면은 더 급해지므로 최대 경사가 25°에 달한다. 애추사면은 일반적으로 직선사면(straight slope)으로 나타난다(**그림** 60). U자형 빙식곡 양쪽의 급경사에서 풍화 작용으로 분리된 암괴 크기의 애추도 발견된다. 애추가 활발히 생성되는 한랭 지역과 달리 온대 지역에서 발견되는 것은 화석적인 유물지형, 즉 지난 마지막 빙기의 것[50]으로 간주하고 있다.

5. 인젤베르그

인젤베르그(독일어로 island mountain)는 광범한 페디멘트(pediment)와 페디플레인(pediplain)상에서 섬처럼 남아 있는 잔구와 한때 넓은 지역을 차지한 고지가 낮아짐으로써 고립구릉(isolated hill)으로 변형된 지형이며 산봉우리로서 바다의 섬처럼 돌출된 도상구릉(島狀丘陵, inselberg)의 지형을 가리킨다. 인젤베르그는 주변 평원과 급경사로 만나며 암석구조에 따라 다양한 형태와 크기로 특징된다. 인젤베르그는 풍화 작용에 대한 저항성이 큰 기반암 노두로서 화강암, 변성암, 퇴적암 및 섬장암에서 보편적으로 생성된다(Büdel, 1963; Twidale, 1964; Thomas, 1974). 인젤베르그는 그 형태에 따라 3가지로 분류한다(Chorley et al 1971).

1) 돔 형태의 **인젤베르그**는 괴상의 기반암체로 절리조직과 판상구조에 따른 거대한 돌산으로 둥근 형태를 띠고 있다. 이러한 형태를 보른하르트(bornhardt) 지형이라고 하는데 Thomas(1974 p.429)는 단일암체로 수 미터에서 500m 이상의 높이를 가진 지형을 지칭한다고 하였다.

이것은 화강암과 화강편마암 그리고 퇴적암(사암)에서도 광범위하게 발달한다. 오

---

49) 건조 지역에서도 애추가 드물지 않게 보고되고 있다(Hey, 1963).
50) 영국에서의 연구결과는 11,000 – 10,000 / yr BP로 보고되었다(Tinkler, 1966).

스트레일리아 중부의 Ayers Rock은 대표적인 퇴적암 기원의 인젤베르그이다(Ollier and Tuddenham, 1962; Bremer, 1965; Twidale, 1978). 아프리카의 사바나 지역과 오스트레일리아의 건조 지역의 평원에서는 심층풍화층에서 기원한 것(**그림 62**)과 페디멘트의 평행후퇴로 인한 산지가 축소되면서 형성된 것으로 해석하고 있다. 암벽으로 형성된 보른하르트는 하부로 갈수록 경사가 급하고 사면 아래로는 암설이 거의 집적되지 않는다. 보른하르트는 심층풍화층에서 기원하고 화성암 지역에서 저반(batholith)으로 나타내는 것이 많다. 풍화층에서 미풍화된 단단한 암체를 횡단하여 평원이 발달하고 풍화 기저면이 지면에 드러날 시기에 특히 규모가 큰 돔 형태의 단일암체로 나타난 지형이다. 생성과정에는 광물적 요인(Thorp, 1967), 암석의 절리밀도의 차이(Twidale 1962, Thomas 1974), 암석의 투수성과 다공도(porosity)에 의한 것(King, 1966)인데 대체로 지중 풍화 작용(subsurface weathering) 중심으로 해석하고 있다.

그림 61. 돔(dome)형 인젤베르그

전체가 하나의 거대한 규모의 화강암 덩어리로서 풍화 작용에 대한 저항력이 크므로 단단한 돌산으로 된다. 발달한 인젤베르그는 평탄한 평원과는 급경사로 만난다. 사바나기후 지역에서는 '보른하르트'로 알려졌다.

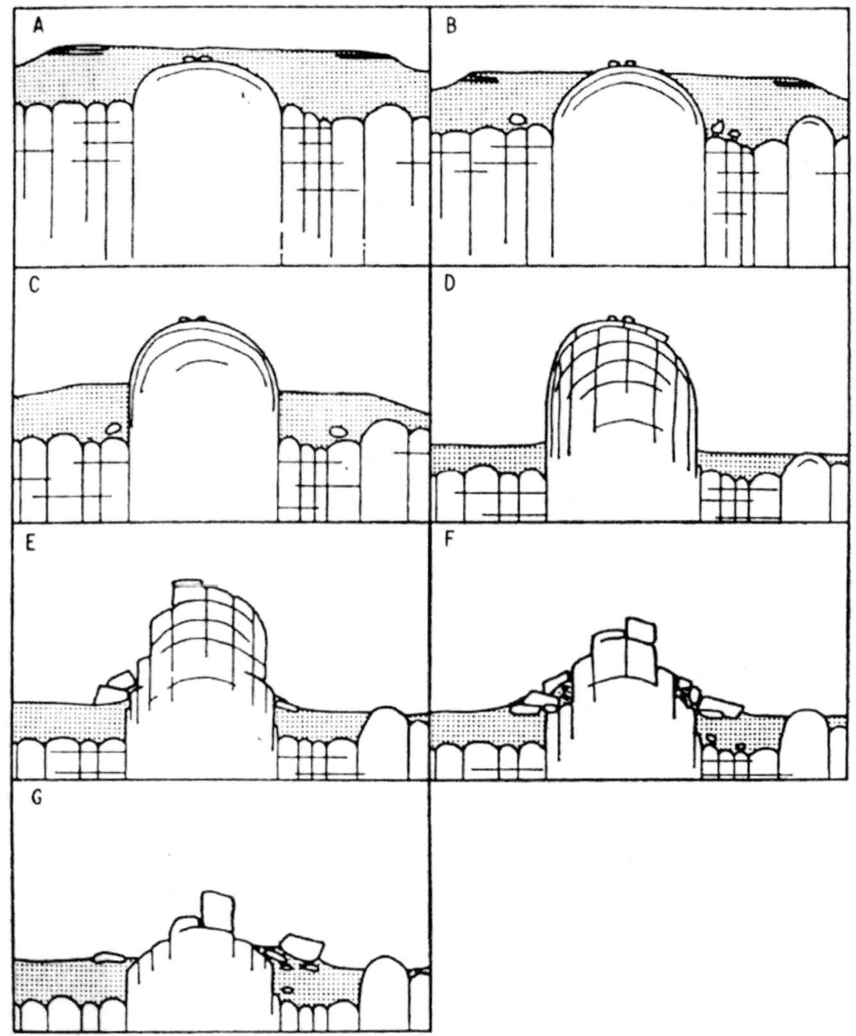

그림 62. 돔(dome) 인젤베르그의 형성(Thomas, 1974)

심층 풍화 작용에 따른 것으로 그림에서 A-D는 지면과 풍화 기저면이 차별적으로 저하됨을 보여주고 풍화층이 제거됨으로써 지면 아래 인젤베르그의 정상부분이 발달하고 있다(1단계).
D-G의 2단계는 팽창절리와 붕괴로 인한 돔 정상이 캐슬 코피로 변하는 과정이다.

2) **토르**(tor)는 평탄한 지면에 돌출한 소규모의 노출된 암괴들을 쌓아 올려놓은 것처럼 배열된 것이다(**그림** 63). 토르는 돔 인젤베르그와 더불어 형성되는 것이

보통이며 형성과정도 유사하다. 후술하겠지만 개석된 에치평원에서 출현하는 사바나 토르(savnna tor)로서의 주된 구성요소로서 등장하며 제자리에서 풍화 작용을 받은 기반암의 잔존물질로 인젤베르그와 다른 점은 크기가 작으며 구상풍화 작용에서 만들어지는 절리에 규제된 핵석이라는 점이다. 토르는 온난 습윤한 환경의 심층풍화층에서 생성된 후 주빙하 사면이동 과정을 통하여 노출된 것으로 연구되어 있다(Linton, 1955). Thomas(1976)는 3가지 형태로 분류하였는데 첫째는 직선상의 절리구조로 탑형(tower)형으로, 둘째는 측방으로 견고하게 쪼개진 탁상형(tabular)으로, 그리고 돔 형태인 구형으로 하였다. 구성된 암괴는 크기가 다양하며 주로 기반암의 절리조직에 좌우되고 화학적 풍화 작용의 결과로 나타난다. 암괴 크기가 3m 내외의 것이 보편적이지만 10m에 달하는 암괴도 있다. 기반암이 풍화를 받을 때 절리의 배열 및 간격에 따라 단단한 부위는 최후까지 남게 되어 핵석으로 노출되며 노출되는 시기는 기후가 변한 후이다.

그림 63. 화강암 기원의 토르
수직, 수평의 절리 발달로 배열된 형태이다(weathered jointed granite).

Twidale(1968)은 다음과 같이 기술하고 있다.

> "분명히 토르의 형태와 크기는 절리의 기하학적 구성과 관련된다. 절리 간격이 넓은 지역은 성곽형 토르가 형성된다. 괴상의 단일체 암괴가 아치형으로 나누어지면 돔형 인젤베르그나 보른하르트가 만들어진다. 절리암괴가 길쭉하거나 탁자형으로 풍화가 되면 토르는 그 형태에 따라 길어지거나 탁자형이 된다. 절리암괴들이 밀접한 곳은 토르의 크기가 대단히 작아지며 동시에 풍화 인자에 의하여 공격을 받으면 핵석이나 토르는 생성되지 않는다."(p.489)

토르는 기반암의 심층풍화층이 삭박되면서 잔류지형으로 출현하며 그 규모나 풍화층의 깊이를 감안했을 때 풍화 진행과 삭박과정의 순환은 수차례 반복되었다(**그림 65**).

심층풍화에 기인하는 것을 전제로 기후변화와 구조운동의 입장과는 달리 한랭한 기후에서는 일회성 또는 1단계이론으로 사면이 후퇴하면서 기반암상에 선택적인 풍화 작용으로 앞쪽과 후면에 암주(岩柱, rock stack) 형태로 토르가 발달한다고 보는 견해이다(**그림 64**). 이것은 심층풍화 작용 대신 지상에서 주빙하 환경에 의하여 형성하기 때문에 주빙하 토르(periglcial tor)로 주장하게 되었고 제4기 빙기에 사면이동(solifluction)으로 형성된 크리오플래네이션(cryoplanation)에서 기인한 지형으로 파악한다(Palmer, 1961; Wetzel, 1988).

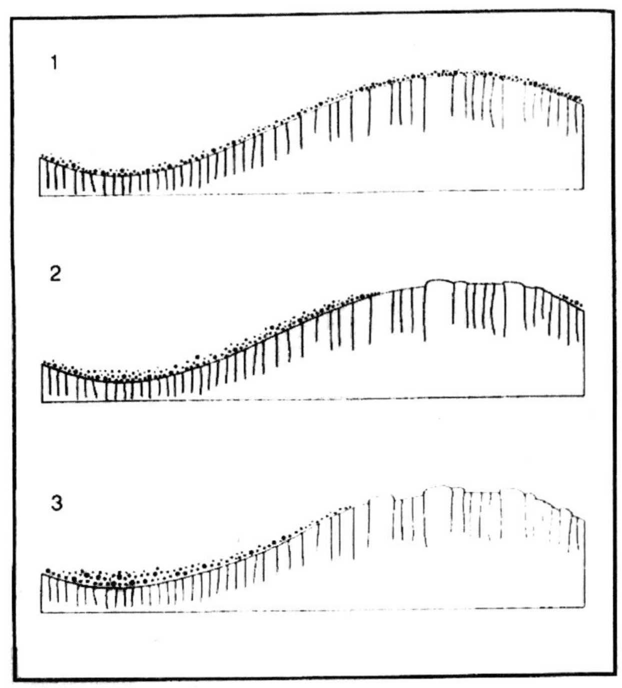

그림 64. 1단계 토르의 형성(periglacial tor)

토르 형성은 암질과 관련 없이 주빙하 환경의 동결 풍화 작
용으로부터 최후까지 남는 지형이다.
절리밀도가 낮은 부분은 동결풍화에 저항력이 큼으로 tor
형성에 유리하다.

King(1966)은 온대기후와 열대기후에서 화강암 토르의 형성을 사면의 평행후퇴
에 의한 사면발달 작용으로 페디멘트가 발달하고 그 배후 전면에 남아 있는 구릉
을 산정에 발달하는 산정부(summit) 토르 또는 지평선(skyline) 토르로 설명한 바
있다. 근래에는 지구상 모든 기후에서 다양한 성인에 의해 여러 가지 형태의 토르
가 발달함으로써 암석의 잔존체로 간주하는 경향이다. 토르 경관은 침식형 내지
복합형 풍화 지형에 속한다.

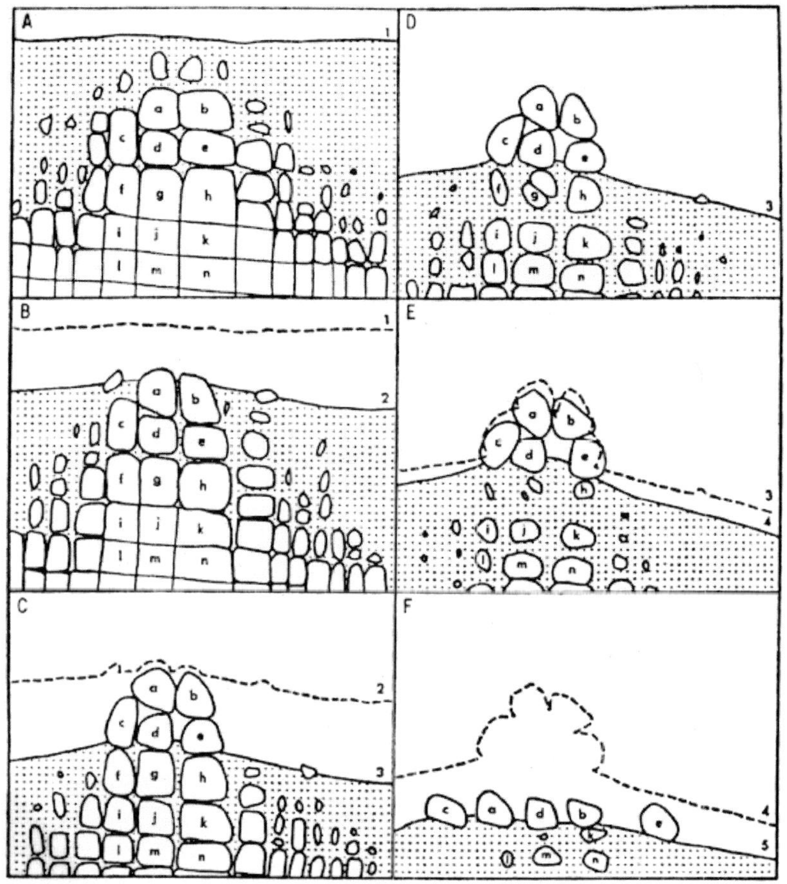

그림 65. 화강암 토르의 발달과정(Thomas, 1974)

A. 화강암의 차별적 풍화 작용, 심층풍화층 내의 **a－n**은 절리로 분리된 암괴

B. 원래의 지면 **1**에서 **2**로 저하되면서 **a**와 **b**의 절리암괴가 출현

C. 풍화층에서 낮아진 지면 **2**와 **3**에서 **a－e**의 토르 암괴들

D. 지하수에 의한 풍화 작용으로 암괴 **f－n**은 지면에 노출되기 전 풍화층에서 분해된다.

E. 지면이 **3**에서 **4**로 저하되면서 암괴들은 침하한다.

F. 계속된 지면 저하와 지하수에 의한 풍화로 잔존물의 핵석으로 작아진다.

3) 캐슬 코피

캐슬 코피[51](castle koppie or kopjes)는 '붕괴된 인젤베르그'(collapsed inselberg)
를 표현한 것으로 성곽과 같이 수평으로 포개진 암괴로 형성된 것으로 심층풍화층
에서 기원하는 둥글게 형성된 토르와는 다르게 지표상에서 다양한 풍화 기반암이
나 불규칙한 절리 암석으로부터 평행후퇴의 과정에서 남겨진 탁상형태로 길쭉한
모양을 갖추거나 모서리가 현저한 돌탑 또는 암석기둥(rock stack)으로 보고 있다
(**그림 66**). Thomas(1965)는 나이지리아에서 돔 인젤베르그가 붕괴된 것이 캐슬
코피라고 명명하였고 돔 인젤베르그의 말기지형으로 분석하고 있다. 코피는 소규
모의 보른하르트와 관련시켜 인젤베르그의 축소형으로 보는 견해도 있다(Godard,
1977). 풍화 유형은 침식형으로 간주한다.
온난하고 습윤한 지역과(Twidale, 1982) 건조한 지역에서도 형성된다(Rognon,
1967).

그림 66. 캐슬 코피에

화강암 인젤베르그의 평행후퇴와 붕괴로 인해 형성된 것이다.

---

51) 성곽형 토르라고 볼 수 있으며 아프리카 남부에서는 노출된 기반암에 연속된 암괴를
지칭한다.

6. 암괴지형

일반적으로 암괴(岩塊, block)는 기반암에서 기원한 암편(rock fragment)으로 동결파쇄되어 모서리의 각이 예리한 큰 돌덩어리이며 제자리에 있거나 크기는 직경(장경)이 256mm 이상의 것이다.[52] 또 하나는 원력(圓礫, boulder)으로 크기는 왕자갈(cobble)보다 크며(암괴와 동일하고) 농구공처럼 둥글고 심층풍화층에서 모서리가 없어지면서 생성된 것이 대부분이다. 핵석(corestone)이 이에 속한다. 핵석을 포함한 심층풍화층이 포상침식(sheet erosion)으로 미립질과 새프롤라이트를 제거시키면 핵석의 집적층을 형성하여 거력군 또는 핵석원(boulderfield)을 형성한다(그림 67).

암괴(block)지형은 활발한 결빙에 의한 물리적 풍화 작용으로 암괴의 모서리가 예리하며 고위도 지방이나 고산 지역의 사면상에 광범위하게 분포된다. 암괴는 물리적으로 암석 기반면의 절리면에서 분리되거나 염류의 쐐기작용에 의해서도 생산된다. 암석을 구성하고 있는 광물 사이에 염류가 결정체를 이루면서 집적되고 수분을 흡수하여 팽창할 때 발생한다. 건조 지역과 해안 지방은 염풍화 작용으로 암괴가 만들어진다.

---

52) 퇴적암의 경우는 직경 60㎝에서 120㎝이고 두께는 1m 이상이다(Pettijohn, 1975).

그림 67. 핵석 암괴의 지형

　이러한 거력군의 집적층은 운반인자(중력, 빙하 등)에 의한 사면이동으로 곡저에 집중적으로 이동 퇴적되어 암괴류(block stream, rock stream)를 형성한다(그림 28). 핵석에서 기원한 암괴원과 동결작용에 의한 암괴원이 사면경사 5 – 15°를 이루는 지역에서 동시에 관찰되고 있는데 우리 나라가 그러한 경우이다(권순식, 1978) 이들은 원래 빙기 이전의 심층풍화층에서 기원한 핵석들이고 그 후의 빙기 때의 주빙하 작용으로 현재 위치에 도달한 것으로 보인다. Fezer(1969)에 의하면 암괴류는 사면을 덮고 있는 암괴들이 경사를 따라 이동한 것으로 전형적인 주빙하 지형(periglacial landscape)으로 기술되고 있다. 여기에는 심층풍화층에서 기원한 원력과 기반암에서 쪼개져 나온 암괴들이 주빙하 사면이동인 토양포행과 솔리플럭션(solifluction) 작용으로 형성된 것으로 해석하고 있다. 빙하퇴적에 의한 암괴집적도 보고되어 있어서 논란이 있다. 그러나 빙하에 의한 암괴집적은 주로 모레인(moraine)과 같이 빙하의 이동에 따라 형성되어 있고 주빙하 작용에 의한 것은 주로 솔리플럭션 퇴적층에서 기원한 것으로 사면이동이 발생한 방향으로 이루어진 점이 다르다(권순식, 1977).

7. 에치플레인

토르와 인젤베르그는 지형경관에서 규모가 크지 않은 데 비하여 평원은 광범위한 지역경관을 보인다. 에치평원(etched plains)은 E. J. Wayland(1933)에 의하여 처음 제시되었다. 그는 습윤한 열대기후 지역의 저기복 지형에서 지하수작용으로 두꺼운 풍화층을 확인하고 이 풍화층이 연속적인 지면 융기에 따른 유수에 의하여 제거되었다고 주장하였다. 그 결과로 풍화 기저면이 평탄한 에치평원[53]으로 지면에 노출된다고 보았다. 토르와 인젤베르그는 드러난 풍화 기저면에서 불규칙한 기반암의 지형이다. 이러한 평탄화 작용은 온난 습윤 지역의 순평원화 작용(peneplanatin)과 건조 지역의 페디플레인작용(pediplanation)과 대비되는 개념이다.

지반의 융기로 이러한 과정이 계속적으로 반복되어 준평원상의 에치평원이 형성되었고 지표는 장기간 동안 간헐적인 융기로 침식기준면에 근접하였다. 이러한 견해는 B. Willis(1936)의 아프리카 탕가니카 고원지형을 설명하는 가운데 에치 준평원(etched peneplain)으로 불려졌다.[54] 일반적으로 산록에 발달한 완사면은 기반암층의 심층풍화와 풍화산물의 면상으로 침식되어 기반암면의 평탄화가 이루어진다. 퇴적물질은 에치플레인 형성과정에 의하여 평탄한 기반암면이 형성된후에 포상적(sheet wash)으로 운반, 퇴적되어 완사면이나 페디멘트와 유사한 지형을 이루게 된다. 풍화층의 탈거(奪去, stripping) 과정은 지각변동을 주로 하고, 이에 따른

---

53) 사전적인 설명은 'A land surface produced by denudation under savanna conditions of seasonal aridity. The rock is deeply etched and weathered; the surface layer is then stripped off by rainwash and episodic streams, and hence down-wearing predominates and maintains a broadly horizontal plain. *A Dictionary of the Natural Environment*, F. J. Monkhouse and J. Small, 1970, p.110.

54) 'widely mantled by residual and transported soils'(p.135). 고원에는 유물지형으로 라테라이트평원이 존재한다.

기후변화와 강수의 변동을 부차적으로 기인한다고 주장하였다. 초기의 연구자들은 화강암질 지형모델화에 심층풍화층의 중요성을 강조하여 이와 관련시켰다. 이와 유사한 견해는 독일의 연구자들에 의하여 도식화되었는데 특히 Büdel(1957)의 '이중평탄면'[55](二重平坦面, double surfaces of levelling)의 개념은 에치평원을 설명한 것으로 많은 지지를 받았다(Mabbutt 1961, 1965; Thomas, 1965; Eden, 1971). 그는 여기에서 순상인젤베르그(shield inselberg)와 고래의 등같이 둥글고 낮은 구릉의 ruware가 산발적으로 형성한다고 보았으며 그의 지형모델은 **그림 68**과 같다.

상부의 침식면은 기반암과 산지사면의 후퇴로 형성된 바깥의 인젤베르그(outlying inselberg)를 덮고 있는 풍화층을 깎는다. 순상 인젤베르그는 풍화 기저면(weathering front)에서 저항성이 큰 부분으로 상부의 침식면이 점진적으로 저하되면서 노출(exhumation)된 것이다. 넓은 지역의 풍화 기저면은 지반 융기나 기후변화로 인하여 풍화층이 탈거되면서 지면에 드러나 불규칙한 에치평원으로 형성되는 형태로 풍화 지형에서 침식형 내지 복합형으로 분류된다.

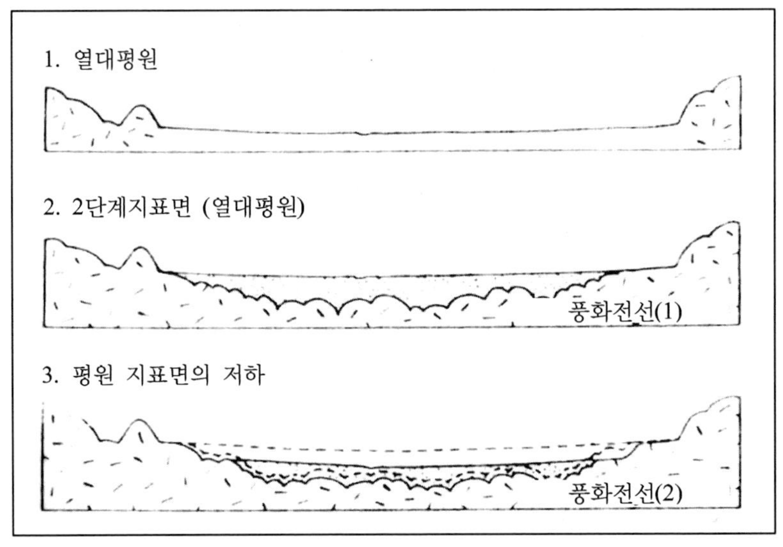

그림 68. Büdel(1957)의 이중평탄면 가설

심층풍화층(deep regolith)의 2단계 침식저하로 인한
에치삭박평원과 인젤베르그(보른하르트)의 생성

---

55) 'double planation surfaces' 또는 'double surface of erosion'이라고도 한다.

8. Ruware

ruware는 열대 지역(남부 아프리카)에서 풍화층이 발달한 저기복의 평원에서 나타나는 수 미터 내외의 높이를 가진 완경사의 돔 형태 노암(露岩)으로 관찰되는 지형이다(**그림 69**). Mabbut(1952)는 대규모의 돔 지형이 박리로 인하여 최후까지 남게 된 것으로 간주하였고 L. C. King(1966)은 연구에서 사면후퇴에 따른 페디멘트의 최종산물로 파악하였다. J. Büdel의 경우는 사면후퇴가 아니고 풍화 기저면(weathering front)이 지표에 노출된 에치평원에서 기원한다고 생각하였고 순상 인젤베르그(shield inselberg)의 초기 단계로 간주하였다. 기타 연구자들은 대다수의 ruware는 한때 대규모 돔 지형이 붕괴되어 최후단계로 간주하는 것이 타당하다고 믿고 있다. 풍화 지형에서 침식형으로 분류된다.

그림 69. ‘ruware’ 또는 ‘whaleback’이라고 불리는 화강암 돔(나이지리아)
에치평원의 풍화 기저면(basal surface of weathering)이 노출되면서 발달한다.

9. 풍화혈

풍화혈(風化穴)은 암석표면의 풍화 작용으로 형성된 움푹하게 파인 것으로 다양한 모양의 와지(窪地, hollows)를 가리키는 일반적 용어이다. 기후적으로 열대 및 아열대 지역에서, 그리고 건조 지역에서 전형적으로 발달하는 것으로 보고되었다(7장 기후와 풍화 작용 참조).

풍화혈의 형태는 타원형이나 원형이며 수평상태로 혹은 경사형태로 또는 수직상으로 관찰된다. 이들은 화강암에서 잘 관찰되지만 퇴적암과 변성암에서도 발견된다. 평평한 곳에서 항아리 모양으로 오목한 풍화혈은 접시형(weathering pan)이라고 불린다.[56] 크기도 서로 달라서 지름이 30㎝에서 수십 미터까지 이르고 깊이도 3m를 넘는 것도 있다.

풍화혈의 또 하나의 형태인 타포니(tafoni)는 석회암이나 사암 또는 화산암(황상일, 박경근, 2007) 등 암석에서 만들어질 뿐 아니라 화강암류와 같은 결정질 암석에서 형성되는 미지형이다. 타포니는 건조 지역이나 해안 지역의 염풍화 작용(salt weathering)에 의하여 형성되는 것으로 알려져 있으나 그 밖의 다른 작용, 즉 입상붕괴와 플레이킹(flaking) 현상에 의해서도 발달되고 그 규모가 확대되며 암벽에 벌집 형태로 집단적으로 파인 구멍(honeycomb tafoni)도 관찰된다(**그림 70**). 풍화혈은 초기에 미세하게 진행되나 일단 형성되면 풍화혈 내부에서 입상붕괴 또는 쐐기작용으로 암분(rock meal)이 분리되어 구멍이 크게 촉진된다. 크기에 있어서 직경이 10㎝ 이상이면 타포니, 10㎝ 미만이고 한곳에 집단적으로 관찰되면 벌집형 타포니라고 정의하고 지하에서 형성된 것으로 설명된 바 있다(장호, 1983). 이러한 미지형은 이질상의 암석에서 차별풍화작용으로 미세한 구멍(와지)이 생기는데 (initial hollows) 여기에 미기후적 차이로 차별풍화가 더욱 가속화되면 파인 와지가 커진다. 구멍으로 파여진 와지의 외부는 일사와 건조로 규산, 철분, 망간 등에 의하여 코팅되어 단단해진다(case hardening). 내부에서는 온도와 습도가 상대적으로 작

---

56) 장호(1983)는 '바위가마솥'라고 이름한 바 있다. Twidale(1966)은 '*gnamma*'라고 사용하였다.

으므로 운모류와 점토광물이 화학적 풍화작용을 받아 염풍화작용이 가속화 되어 풍화혈은 성장하게 되어 커지는데 의자형태의 와지가 발달한다(**그림** 70의 나).

그림 70. 벌집형 타포니(가)와 의자형(나)

결정질 암석에서 잘 발달하며 사암이나 석회암에서도 발견된다.

동시에 화학적 풍화작용인 가수분해와 수화작용이 크게 작용한다. 또 다른 설명은 풍화층밑에서 지하수분(subsurface moisture)의 선택적 영향으로 풍화전선(weathering front)에 미세한 와지들이 생성된다. 지하수분은 지표면아래에서 균일하세 분포하지 않고 구릉과 평지의 접촉부(hill-plain juctions)와 절리에 고여 있어서 암석의 광물과 결합하여 용해작용, 수화를 일으켜 풍화혈과 S커브사면(flared slope)을 형성하고 그 후에 침식으로 지면에 나타난다. 이러한 과정은 지면아래에서 이루어짐으로 지하풍화작용(subsurface weathering)으로 간주하며 지표상 대기상태하에 노출된 후 계속 변화로 변형된다. 풍화혈의 위치는 과거의 풍화전선을 의미하며 삭박편년의 자료로 중요하다.

일반적으로 풍화혈은 S커브사면과 rillen 등의 미지형과 관련을 맺으면서 잔류암체(residual rocks)에서 보편적으로 관찰된다.

10. 그루브

그루브(groove)는 릴렌 카렌(rillenkarren) 또는 플루팅(fluting), 거터(gutter)라고 불리고 있으며 수직의 암석 특히 급경사의 석회암에서 용식 그루브(solution grooves)에 사용되는 용어로 알려져 있다. 강수가 많은 지역(예컨대 싱가포르, 말레이시아 등)에서 관찰되는 릴렌 카렌이나 라피에(*lapies*)는 용식에 의하여 불규칙하게 凹형으로 길게 파인 홈통같이 생긴 것으로 풍화구(風化溝) 또는 유수구(流水口)라고 할 수 있다. 화강암체나 사암 등 여타 암석에 발달한 용식 그루브는 카르스트지형의 카렌과 유사하여 가짜 형태의 카렌(pseudokarren), 화강암 릴렌(graniterillen)으로 알려져 있다(Twidale, 1982, **그림** 71). 일반적으로 rillen은 inselberg측면의 급사면에서 상부의 지표유출을 배수시키는 하나의 통합된 배수망을 형성한다. 지표유출을 발생시킬 수 없는 암괴정도의 잔류암체에서는 상부면이 짧고 불연속적인 형태로 관찰된다. 다수의 rillen이 있는 경우는 수분의 공급을 rillen 하부로 집중시켜 그곳의 풍화작용을 진전시킨 결과이다. rillen은 타포니를 형성시키는 풍화작용에 필요한 수분을 공급하는데 보완적 역할을 수행하는 미지형으로 판단된다. 그루브 역시 절리를 따라 풍화 작용에 의하여 시작되며 여기에는 물리적, 화학적 풍화 작용이 동시에 진행된다. 그루브(유수구)는 기계적인 마식과 화학적 풍화 작용 그리고 습기를 유지하는 지의류 같은 생물적 활동에 의하여 촉진된다. 풍화 지형에서 본다면 침식형에 속한다.

그림 71. 암괴에 발달한 그루브(grooves)

암벽면을 따라 수직으로 발달하는데 밭고랑형태를 닮았다. 카르스트지형의 카렌과 비슷하다.

11. S자형 커브사면

    S자형 커브사면(flared slope)은 절리조직이 결여된 괴상(塊狀)의 암석체 상부에 凸형 급사면에서 하부의 凹형 급사면으로 전이되는 암벽사면으로 중간에 경계선인 shoulder line이 존재하는 특이한 형태지형이다(그림 72).

    화강암체에서 보편적으로 관찰되지만 사암(오스트레일리아의 Ayers Rock), 규암, 역암, 화산암, 석회암 등에서 발견된다. 잔류암체(residual hill) 또는 인젤베르그의 기저부에서 tafoni와 횡적으로 연결관계를 가지면서 관찰되는데 암체의 상부 사면에서 흘러내리는 수분이 기저부의 기반암내부로 침투하여 지중풍화작용을 일으킴에 따라 점차 풍화전선(風化前線)이 저하된다. 그 후 삭박기준면(base level)의 하강으로 풍화물질이 침식되어 풍화전선이 flared slope로 노출된다(그림 73) 이와 같은 과정이 반복되면 다수의 S자형 커브사면이 형성된다(multiple flared slope). 'shoulder line'은 flared slope가 지중에서 진행되는 동안 풍화전선과 잔류암체와의 지면접촉부(ground surface junction)을 의미한다. shoulder line이 다수일 경우는 flared slope가 다수에 걸쳐 단계적(episodic)으로 노출되었음을 뜻한다. 인젤베르그

그림 72. S자형 커브사면(flared slope)

나 잔류암체의 상부凸형이 현저하면 지붕형태으 턱(overhang)이 발달한다. 한편 측면 급사면이 기저부에 이르러 완경사의 기반암 즉 rock platform으로 바뀌는 경우가 있는데 이것은 flared slope의 형성과정에서 풍화전선이 노출된 것으로 에치 지형면(etch surface)을 의미하고 있다(Twidale and Bourne, 1975).

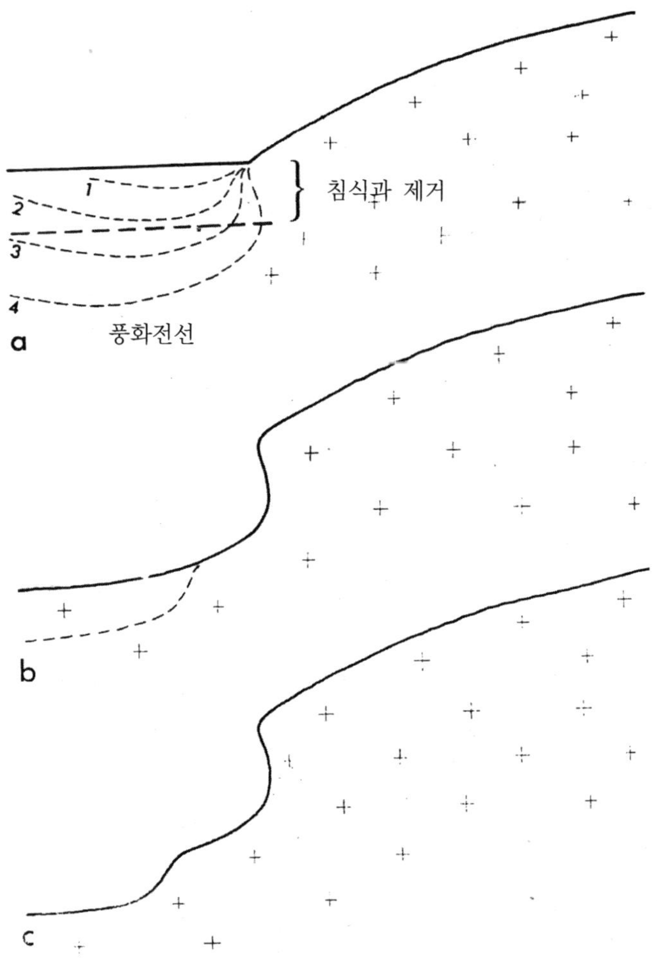

그림 73. flared slope의 발달단계(Twidale, 1982)

암석사면의 하부에서 풍화작용이 진행되며 곧 이어 차별적침식으로 S자형으로 되면서 턱 (overhang)이 만들어진다. a는 지표밑으로 수분침투가 이루어지고 풍화전선이 저하된다. b는 풍화 물질이 제거되면서 S커브사면이 드러난다. C는 이러한 과정이 반복된다.

12. 페디멘트

페디멘트[57](pediment)는 건조지역의 산록침식면에 적용되어온 침식사면의 기저 사면(basal slope)으로 사용된 용어로서 논란이 많은 지형이다(Howard, 1942; Tator 1952; Tuan 1959). 암석을 위주로 연구하는 학자들은 건조 사바나지역의 단단한 완경사 암석사면으로 페디멘트라 지칭하여 암석상(巖石床) 또는 암석선상지(rock gan)로 간주하였다(King, 1957). 일반적으로 풍화작용이 미약한 건조환경에서 단단하고 신선한 암석에서 보편적인 지형이지만 온대지역의 심층풍화 기후하에서도 관찰 보고 되어 있다. 오늘날 다양한 기후환경에서 관찰되는 현상은 과거보다 건조한 기후가 나타났을 경우로 보고 있다. 페디멘트는 배후산지의 급사면과 경사변환점을 경계로 만나는 완경사면으로 그 다면이 요형(凹形이, cincave)이며 배후의 산지에서 풍화물들이 운반되어 온 물질로 퇴적된다. 퇴적층의 층은 얇으며 (수m 이내) 근본적으로 홍수로 인한 침식사면으로 형성된 지형으로 간주하고 있다 (10장 사면에서 참조).

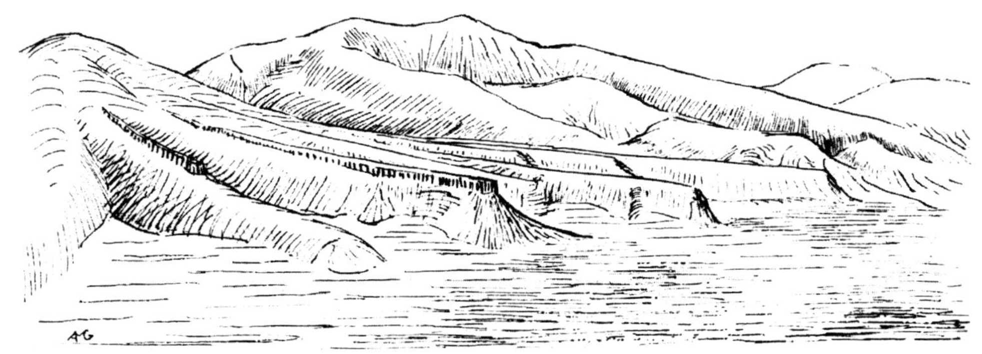

그림 73. 건조지역의 페디멘트

페디멘트에서 풍화작용은 미약하다.

---

57) 페디멘트 용어는 1877년 G. K. Gilbert가 유타주 헨리산지에서 자갈층으로 피복된 세 일암층에서 명명되었다.

페디멘트가 확장되면 산지가 축소되고 잔구로 남게 되며 양쪽에서 페디멘트가 있으면 가운데는 인젤베르그 형태를 이루게 된다. 이러한 평탄면을 페이플레인(pediplain)이라고 한다. 한국의 중부지방의 산록완사면(山麓緩斜面, gentle slope)은 페디멘트상의 유물지형으로 간주하고 저위침식면(低位浸蝕面) 지형이라고 하여 산지주변평원58)으로 인식하였다(김상호, 1966). 장재훈 교수(1977, 1983)는 한국의 산록면은 형태적으로 건조지역의 페디멘트와 유사하다고 지적한 바 있으며 완사면의 기반암은 퇴적물로 덮이기 전에 이미 온난습윤한 화학적 심층풍화과정을 거쳤고 완사면상에 존재하는 퇴적물들은 분급현상이나 성층구조가 결여되어 이들 지형은 홍수성 유수와 주빙하적 조건에서 변질된 지형이라고 강조하였으며 오늘날 하천유수는 산록완사면을 더 이상 형성하지 않고 파괴요인으로 취급되고 있음을 주장하였다.

13. 해안지형

대부분의 해안지형(coastal landforms)은 파식에 의한 것이지만 다양한 풍화 작용에 의한 지형도 관찰된다. 마식에 의한 파식대(shore platform)의 형성과 용식노치(solution noych)가 그 대표적이다. 파식대는 암석해안에서 발달하는 것으로서 기반암의 침식면이다. 파식대의 형성은 주로 파도에 의한 파식작용이 크지만 풍화작용과 더불어 설명된다. 해식애(sea cliff)에서는 염류 풍화 작용과 용해, 건습의 반복으로 타포니와 암석절리에 의한 동굴의 형성 그리고 수분동결에 따른 파쇄 등은 파식이 아닌 또 다른 작용으로 기여하고 있다.

파식대는 일반적으로 수평형태를 띠고 있지만 불규칙한 표면을 나타내어 계단상으로 서로 다른 고도를 갖고 있다(**그림 72**). 암석종류가 다양하고 상이한 지층들

---

58) 포상류(sheet flow)에 의한 침식으로 이루어진 산록의 사면으로 주로 화강암 산지에서 발달하며 한국의 산록면은 페디멘트와 유사한 점이 많다고 알려져 있으며 한국은 현재보다 건조한 기후가 있었을 것이라고 추정했다.

이 발달한 곳에는 파식대의 표면고도의 차이가 두드러진다. 사암의 파식대는 이암의 그것보다 1-2m 더 높다(Hills, 1968). 파식대와 스택들은 건습의 반복(wetting and drying)에 의한 수면층 풍화 작용(water-layer weathering)으로 생성된다고 믿어지고 있다. 수면층 풍화 작용은 지형적으로 내만에서 가장 효과적이며 파랑에너지가 약한 곳에서 유리하게 진행된다고 알려져 있으며 또한 지질조건과 기후적 조건 및 파랑과 조석의 조건이 부합될 때 효과적이다(최성길, 1985). 파랑과 조류에 의한 풍화 물질이 제거되면서 타포니와 같은 풍화혈이 파식대 표면에 나타나면서 평탄화를 돕고 있다. 파식대의 조간대 내부에는 섭조개무리와 유기체 및 조류의 성장 또한 활발하다.

그림 74. 파식대(shore platform)
조석간만의 차가 심한 해안에서 썰물 때 육지로 드러난다.
파랑의 작용이 다소 약한 곳에서 풍화작용이 우세하게 작용하여 발달한다.

11 풍화 작용과 사면발달

지표경관을 구성하는 지형요소는 수많은 사면(slopes)으로 되어 있고 그 규모와 형태는 다양하다(**그림 75**). 사면은 모든 지형의 기초가 되며 이러한 연유로 지리학자들의 주목을 받아 왔다. 특히 사면발달 이론은 응용 분야에도 지대한 관심의 초점이다.[59]

사면 형성이 침식사면이든 퇴적사면이든 사면연구의 중요성은 사면이 지표상에 보편적인 지형요소란 점이다.[60] 사면지형은 복잡하고 그 형성이 장기간에 걸쳐 있으며 사면발달에 간섭하는 여러 요인, 즉 기후, 식생, 기복 등이 변화가 많아 간단히 취급할 수 없을 뿐만 아니라 연구에 많은 방법적인 논란을 초래하였다(Chorley, 1964; Chorley and Kennedy, 1971).

사면연구의 부진은 사면화 과정이 너무 느리거나 빨라서 측정이 어렵다는 것과 사면지형 형성의 정확한 측정과 자료수집 결여 및 현재 진행과정의 복잡성 등이다. 따라서 사면형태와 형성작용[61]에 대한 연구가 제한적이다(wood, 1942).

---

59) 사면지형의 이해는 농업, 산림학, 도로건설, 빌딩건축, 주택단지형성, 하계망의 변화와 사면안정성, 토양이동의 여부 등과 관련된다.

60) Young(1964)은 다음과 같이 표현한다.
‘over the large parts of the world, a high proportion of the physical landscape consists of valley slopes’

그림 75. 저기복 사면(가)과 고기복 사면(나)

　사면의 형태는 주로 침식작용, 매스무브먼트, 그리고 풍화 작용 과정에 달려 있으며 이들 인자들과의 관련성을 일률적으로 설명할 수 없다. 또한 사면은 기반암으로부터 기원한 풍화 물질과 사면으로부터 풍화 암설이 제거되는 비율과의 관련에서 결정된다. 풍화 물질은 물리적, 화학적 풍화 작용에 의한 것이고 이는 암석의 구조(절리상태, 변질 정도, 엽리의 상태, 선구조 등)와 구성 및 풍화층의 두께에 지배된다. 풍화층의 제거는 주로 풍화층의 두께와 세립의 정도에 좌우되고 유수작용과 매스무브먼트에 영향을 받는다(**그림 76**).

　여기에서는 사면에 대한 일반적인 검토와 풍화 작용의 중요성을 고찰하고자 한다.

---

61) 이것을 'process－form responses'라고 한다.
　지형연구는 지표의 형태(form)와 형성작용(process)간의 관련성을 밝히는 학문분야이다.

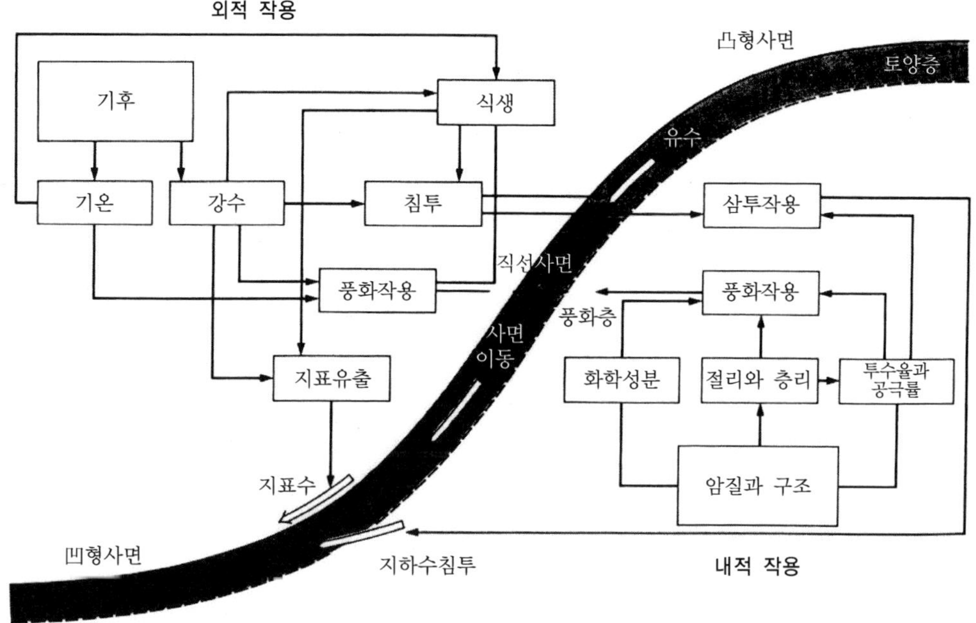

그림 76. 사면형성의 체계

凸형사면, 직선사면, 凹형사면의 발달은 내적작용과 외적작용과의 평형에서 이루어진다.

1. 사면의 요소와 발달

사면에서 애추를 사례로 수직단애의 변형 발달을 모식적으로 제시해 보면 다음과 같다(Selby, 1982; **그림 77**). 동질의 단순한 암석단애를 가정하고 단애면에서 풍화 암설들이 자유낙하하여 단애 아래에 애추를 형성한다. 애추물질은 풍화 소멸되지 않고 그대로 퇴적되어 모암과 같이 동일한 체적을 유지한다. 애추물질들은 암석면의 기저부를 보호하고 위에 있는 단애면은 사면후퇴를 진행하며 그사이에 애추물질을 계속 추가한다. 위로 성장한 애추는 마침내 곡선화된 암석면을 덮는다.

이러한 사면은 실제 존재하지 않지만 풍화와 자유낙하에 따른 애추 사면의 변화를 설명하는 데 도움이 된다. 동질암석의 수직사면을 출발점으로 가정하여 사면변화를 고려한 것이다.

King(1962)은 사면의 단위를 구성하는 기본 요소를(4가지 요소) 다음과 같이 제시하였으며(**그림** 78), Caine(1974)은 위의 기본 요소에다 산간 지방에서 쉽게 발견되는 직선사면의 애추와 말단사면인 凹형 사면 사이에 'talus foot'을 하나 더 추가하여 주빙하 사면(alpine periglacial slope)이라고 제안하였다.

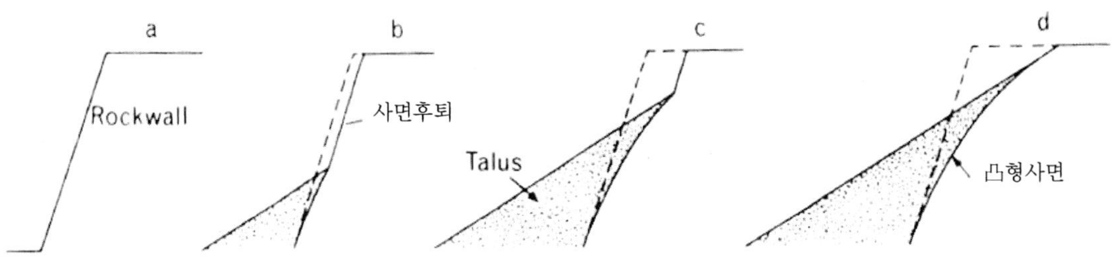

그림 77. 수직사면의 발달(Selby, 1982)

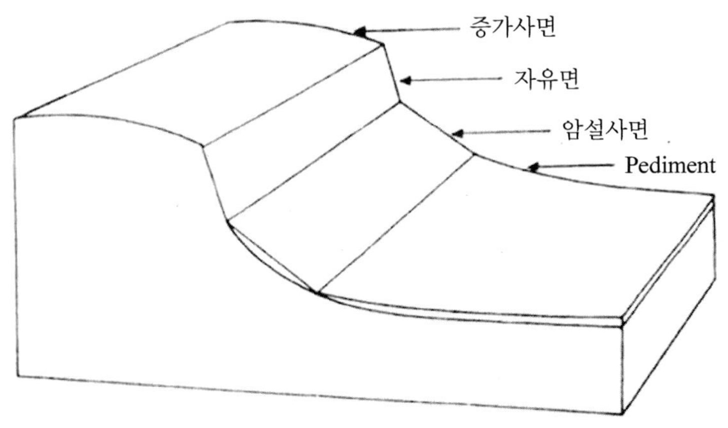

그림 78. 사면의 4가지 기본요소(King, 1962)

- 꼭대기(crest, 증가사면): 사면의 정상부분, 사면의 단면은 볼록한 凸형 사면, 풍화 작용과 토양포행이 탁월함.
- 단애(scarp, 자유면): 사면의 급경사로 노출된 단단한 기반암. 사면후퇴로 가장 활동적임. 후퇴현상은 릴(rillwash)과 landslide임.
- 암설사면(debris slope): 단애에서 낙하한 암설로 덮인 사면. 경사는 조립암설의 안정각에 의함. 풍화 작용은 암설을 더욱 세립화하여 포상류(sheetflow)와 릴에 의해 제거됨.
- 페디멘트(pediment, 감소사면): 凹형의 완사면으로 하천이나 충적지로 연결됨.

첫째, **증가사면**(waxing slope)으로 구릉지와 사면의 정상부분에 나타나는 철형사면(凸形斜面, convex)인데 아직까지 만족할 만한 설명이 없는 부분이다. 대부분의 연구자들은 풍화와 토양포행(soil creep)에 의하여 형성된다고 보고 있다. Birot(1968)은 산정부의 풍화 암설이 사면 아래로 이동하면서 그 아래에 놓인 암석을 풍화와 침식에서 보호한다고 주장하였다. 노출된 위쪽의 사면은 계속 풍화를 받는 사이에 새로운 암석의 끊임없는 노출로 인하여 정상부를 둥글게 하고 정상부는 사면 아래보다 풍화가 빠르다고 보았다. 국지적인 강수는 자유면과 정상부의 침식을 최소화한다.

둘째, **자유면**(free face 또는 '가파른 비탈'의 뜻인 scarp)[62]으로 사면 상부의 증가사면 아래에 노출된 기반암인데 사면의 후퇴(slope backwearing 또는 slope retreat)에 있어서 가장 활발한 요소다.

자유면(급애)과 단애(cliff)는 같은 의미이며 경사 45도 이상이면 전부 포함된다. 완경사인 노암의 사면이나 사막에서 관찰되는 돔형 인젤베르그는 암석사면(rock slope)이라 한다(**그림 61**). 파식에 의해 발달하는 수직단애, 즉 암석해안의 해식애(marine cliff)는 전형적인 자유면에 속한다.

현무암의 주상절리에 의하여 형성되는 단순한 자유면도 있다. 자유사면은 사면의 기저부에서 하각작용의 결과로 시작된다. 하각작용은 하천이나 빙하 그리고 파식에 의하여 유지되나 하각작용이 멈추면 사면은 풍화 작용과 암석낙하로 후퇴한다. 풍화 산물은 암석낙하로 즉시 제거되며(기저부에 애추 형성) 자유면은 계속적인 풍화로 이어진다. 자유면에서 풍화 작용의 속도는 빠르지만 풍화 물질은 집적되지 않는다. 한국의 강원도 영월 구하도에는 곡류하천의 측방침식으로 형성된 단애면으로 talus발달이 현저한데 최후빙기가 끝나고 후빙기인 현재의 기후조건에서도 talus가 발달하였음을 보고한 바 있다(도한진, 1982).

자유사면은 내적 영력에 의한 지각변동으로 단층과 같은 구조적인 경우도 있고 건조 지역과 한랭한 지역에서 탁월하게 관찰되며 습윤한 지역은 암질이 서로 다른 경우에 잘 형성된다. 즉 약한 지층 위에 강한 지층이나 모암(caprock)으로 구성될 때다.

---

62) 여기에서 '자유'라는 것은 암설이나 풍화 물질이 결여되었다는 뜻이다. 풍화 작용이 활발하더라도 풍화 산물이 집적되지 않는다.

셋째, **암설사면**(debris slope)은 위쪽의 자유사면에서 공급된 물질로 덮인다(**그림 79**). 한 부분에 고정적으로 암설이 추가되면 원추형의 단일애추가 발달하는데 원추형 애추의 사면형태는 직선사면(straight or constant slope)화한다. 개별적으로 암괴가 낙하하면 암설사면 위를 굴러서 원추형 애추 아래 끝으로 이동한다. 암설사면의 위쪽은 작은 암설들로 구성되고 안정각에 의해 고정된다.

사면은 유동적이며 안정각을 상실한 암설은 내려앉거나 사면 아래로 재차 운반된다. 암설들은 더욱 풍화를 받으며 다량의 미립질로 쪼개지면 수분침투를 감소시켜 사면발달을 촉진한다. 사면의 윗부분은 계속적으로 풍화 물질이 공급되어 애추 물질은 사면 아래로 운반된다(권순식, 2005). 애추사면은 직선사면을 보이며 자유면의 급사면과 암석사면의 전체적 후퇴양상은 다음의 2항과 같다.

2. 사면의 기하학적 모형

그림 79에서 자유면 AB에서 시작하면 자유면 아래 풍화로 인한 애추가 형성되며 시간의 경과로 CBD로 성장한다. 동시에 자유면은 EC로 후퇴한다. 자유면은 점차 애추로 덮이고 풍화 작용은 정지된다.

매립된 자유면은 높이가 작아지고 결국 곡선인 BFC 형태로 변한다. 이것은 결국 풍화 물질의 공급과 애추물질의 제거 비율에 따른다. 애추물질의 제거가 적다면 애추는 성장하여 자유면 정상에 도달하여 본래의 자유면은 사라지고 그 반대 경우이면 애추는 일정한 높이를 유지하고 전체 사면은 ECD로 남는다.

넷째, **페디멘트**(pediment)[63])는 암설사면의 기저 부분에서 이어지는 넓고 오목한

---

63) '페디멘트'는 인젤베르그(insellberg)와 더불어 건조 지역의 지형을 구성하는 대표적인 것으로 산지의 말단 산록을 향해 완경사로 침식된 유수사면을 지칭하였다. 한편 산지의 사면이 물리적 풍화 작용으로 급사면의 경사를 유지하면서 평행으로 후퇴함에 따라 그 기저부의 기반암을 완경사로 넓혀 가는 침식면이다. 간헐적인 유수가 산지전면에 흐르면 애추를 파괴시키고 면상으로 기반암석을 자른다. 미국의 서부 지역, 오스트레일리아 대륙의 대부분, 아프리카 대부분의 내륙고원에서 많은 연구가 있어 왔다.

형태로 대단히 논란이 분분한 사면지형으로 알려져 있다. 페디멘트는 기저사면(basal slope)으로 풍화 물질로 얇게 덮여 있고 풍화 물질의 운반 기능이 있다(Tator, 1952; Tuan, 1959; King, 1962). 프랑스 연구자들은 단단한 암석사면을 페디멘트로 국한하고 연한 암석은 글라시(glacis)로 구분한다.

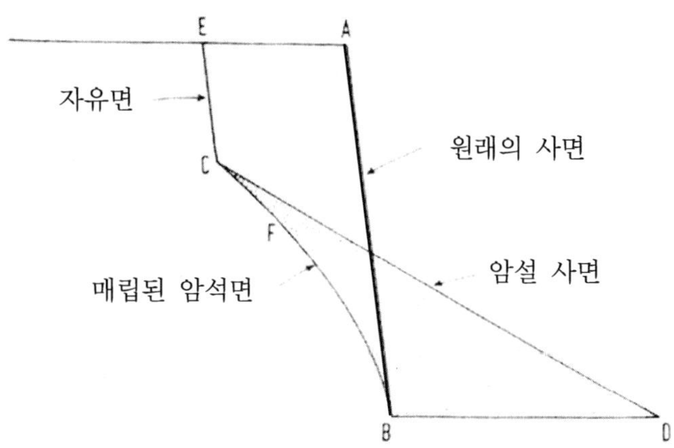

그림 79. 자유사면과 암설사면의 기하학적 모형

페디멘트는 종종 건조 지역에서 발달하는 지형으로 풍화 작용이 미약하고 기반암이 단단한 새로운 암석에서 형성된다. 여타 기후 지역에서 페디멘트는 대단히 심층풍화되었으며 해체되었다(Ollier, 1969; 장재훈, 2002; 赤木, 1973).

오스트레일리아 페디멘트는 하천의 측방침식에 의한 것은 아니지만 포상홍수(sheet-flood)로 인한 충적성에 의한 평탄면으로 충적물로 덮일 때와 제거작용이 교대되는 산록에서 대단히 활발한 것으로 보고되었다(Mabbutt, 1966).

반건조 지역에서 뇌우를 동반한 갑작스런 폭우는 포상유수로 나타나 애추사면의 물질을 더 낮은 곳으로 운반한다. 이러한 과정은 페디멘트를 형성하고 물질을 운반하는 운반사면의 기능을 갖는다.

---

pediment is extensive gently sloping erosion surface, formed in bedrock, created by backwearing of hillslope or escarpment; best seen in arid regions(Young, 1971, p.204).

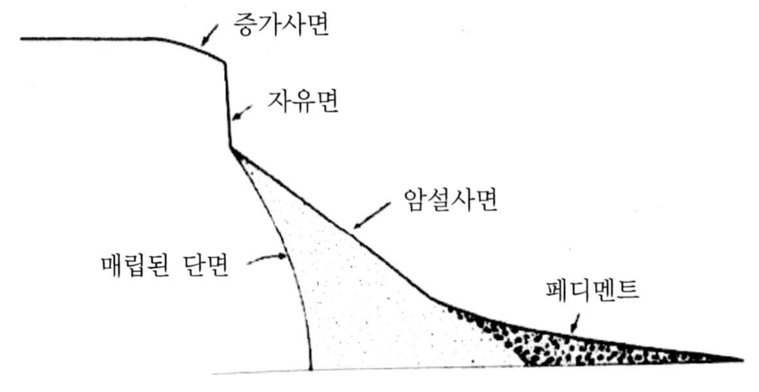

그림 80. 암설사면과 페디멘트

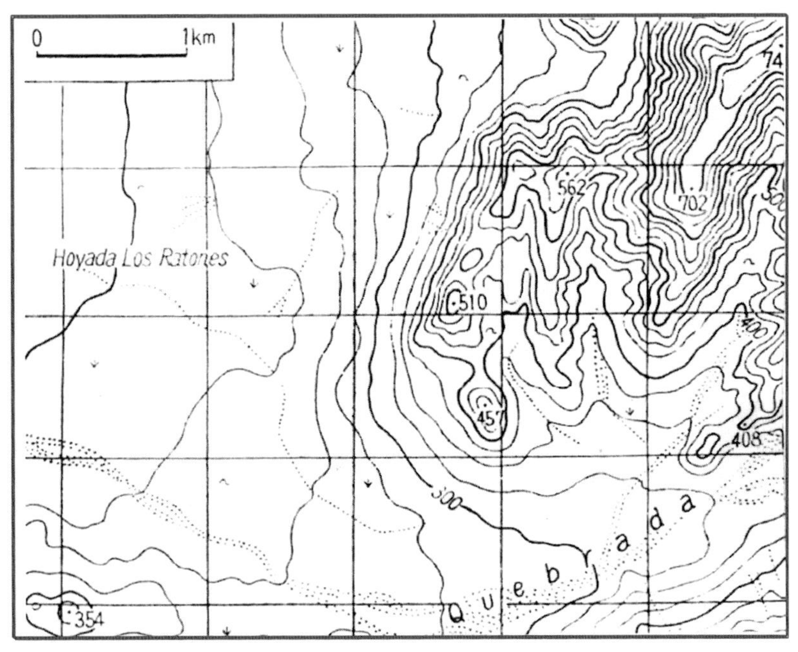

그림 81. 칠레 북부의 아타카마 사막 페디멘트 지형도(赤木, 1973)

페디멘트는 완만한 경사와 연속적인 식생 지역으로 애추사면과 구별되고 있다. 여기에서 암설사면과 페디멘트 지형은 식생의 번식으로 오랫동안 유지된다.

건조분지에 접하고 있는 산사면의 후퇴로 인한 페디멘트는 침식된 완경사 사면으로 형성되어 있고 배후의 산과는 지형도에서 뚜렷이 구별되는데 여기에는 경사 변환점이 존재한다.

그림 81에서 등고선 간격이 넓은 부분이 페디멘트 사면이고 간격이 좁은 부분이 산지이다. 풍화된 암괴와 암설들은 페디멘트를 통과함으로써 페디멘트는 더욱 완만하게 깎이고 운반사면으로 된다. 결국은 풍화 암설 물질을 효율적으로 운반, 제거할 수 있도록 사면이 조절된다(赤木, 1973, 1978; 장호, 1977; 장재훈 2002).

그림 82는 하나의 종합적인 지형면으로서 현 하천에 의해서 개석되고 있으며 (아랫부분에 하천과 곡저가 보임) 포상유수(sheet wash)가 지형면 상부에서 활발하다.

경작지로 이용되고 있는 완경사의 페디멘트는 凹형을 나타내고 페디멘트보다 급한 암설사면 그리고 정상부에 철형사면(凸形斜面, convex, waxing slope)이 확연히 구분되며 각각의 사면에서는 경사 변환점을 유지하고 있다.

그림 82. 凸형사면(가), 암설사면(나) 및 페디멘트(다)
지형사면의 분류가 가능하다

3. 사면의 풍화 작용

　노출된 기반암의 사면은 암석과 그에 대한 풍화 작용이 잘 조절된 결과이다. 그 결과 안정된 각도를 가진 형태로 진행되고 일단 사면이 형성되면 시간이 경과하여도 크게 변하지 않고 평행하게 후방으로 이동한다. 사면에는 풍화 산물을 효율적으로 제거시키는 매스무브먼트 작용이 있는데 이는 사면형태의 발달 및 유지기능을 하고 있다. 사면에서 풍화층이 제거되면 곧이어 풍화 작용은 계속된다. 한랭 지역의 경우, 절리와 균열에서 서릿발 작용이 활발하면 동결파쇄로 인하여 물리적 풍화작용이 우세해진다. 사면 방향이 서로 반대이면 적설이 장기간 유지되는 사면은 직선사면으로, 결빙 융해의 반복이 현저한 사면은 솔리플럭션과 젤리플럭션작용에 의한 완사면으로 형성되어 전체적으로 사면의 형태가 비대칭사면(asymmetric slope)으로 변한다. 수분을 다량으로 포함하는 암석과 그렇지 않은 암석과의 풍화 작용의 진행비율도 현저히 다르다. 점토의 수화작용과 수목 뿌리의 성장은 사면의 풍화 작용을 가속화시킨다.

　사면의 특징은 풍화층의 특징에 좌우된다. 사면에서 풍화층의 역학적인 면은 풍화층의 형성과 이동 그리고 파괴 또는 제거로 고려된다. 풍화층의 형성은 암석의 풍화 작용에 기인하며 파괴 및 제거는 용해작용과 매스무브먼트이다. 풍화층은 사면상에 존재하는 하나의 층(layer)으로서 이해되는데 이때 풍화층은 제자리에서 형성되거나 사면 아래로 운반된 것으로 파악된다. 풍화층의 다양성과 그 두께는 凸형과 凹형을 비롯하여 사면발달에 깊이 관련된다. 사면형태와 풍화층은 상호관련성이 크다. 풍화층의 형성속도, 활동, 이동과 파괴 등의 역동적인 정보는 사면발달의 이해 및 사면의 여러 문제인 단면형태, 크기, 경사도, 거칠기, 분포 등을 해결하는 데 필수적이나 이에 대한 자료의 부족으로 낙후된 상태로 부진하다. 동시에 기후, 식생, 기복 등이 간섭함으로써 사면은 계속 변동하고 재조정되어 나간다는 점이 특히 지적된다. 풍화층의 존재뿐 아니라 사면 퇴적물(slope deposit) 역시 사면발달에 중요하다(권순식, 2005).

4. 사면 연구사례

암석들은 화학적인 조성, 절리형태, 암석의 공극률과 투수율 등이 서로 다르고 또한 다양한 풍화 작용의 과정을 반영하고 있으며 현지 관찰에 있어서도 암질의 파악과 이에 대한 풍화 현상은 중요시된다. 암질과 사면의 관련성은 단순하지 않다. 사면발달에는 많은 인자들이 간섭하는데 예를 들면 원래 지표의 기복(또는 고도)계곡의 형태, 기후, 수문조건, 토양발달과 식생의 형태 및 피복 정도, 풍화 작용 등이고 구조(structure)에 따른 지질조건이 또한 영향을 주고 있다. 따라서 어떤 일정한 암석 조건에서 그 암질에 따르는 사면형태와 각도를 가진 사면을 생성한다고 일률적으로 적용하는 것은 무리가 있을 수 있다. 사면에서의 풍화 과정과 생성된 풍화물의 매스무브먼트의 영향에 의해 사면은 변화되고 발달해 가는 것이다. 따라서 전형적인 화강암사면, 석회암사면, 아니면 현부암 사면과 같은 것은 나타나지 않는다. 그럼에도 불구하고 암질의 형태와 사면발달의 관계는 어떤 보편적인 관련성이 있지 않을까 하는 연구가 있어 온 것이다.

Baulig(1940)는 사면의 형태와 형성작용과의 관계를 설명한 바 있는데 凹凸사면에 대한 논의에서 두 단면의 성분이 상이한 프로세스에 의해 이루어지거나 하나의 프로세스가 두 단면의 성분에서 현저하기 때문이라고 주장하였다. 그는 석회암과 화강암 같은 암석에 나타나는 최초의 단면들은 凸면이라고 간주하고 그것은 암석의 투수성, 불투수성을 불문하고 지표수가 아닌 토양포행에 의해 사면의 피복물질들이 쉽게 운반된다고 보았다. 이와 대조적으로 불투수성의 셰일(shale)과 규질점토암(argillites) 등은 강력한 지표수에 의해 특색 있는 사면으로 변화되고 있다. 이런 암석면은 우기에 발생하는 세류 및 릴류의 작용에 의해 좁은 고랑을 만들고 이들 고랑 사이의 낮은 정상부위에서 동일한 사면 단면을 만들어 내는 것이다. 상부 사면에서 풍화물이 두껍게 쌓이고 사면 아래쪽은 얇아지는데 시간의 경과에 따라 단면은 결국 凸면으로 된다는 것이다.

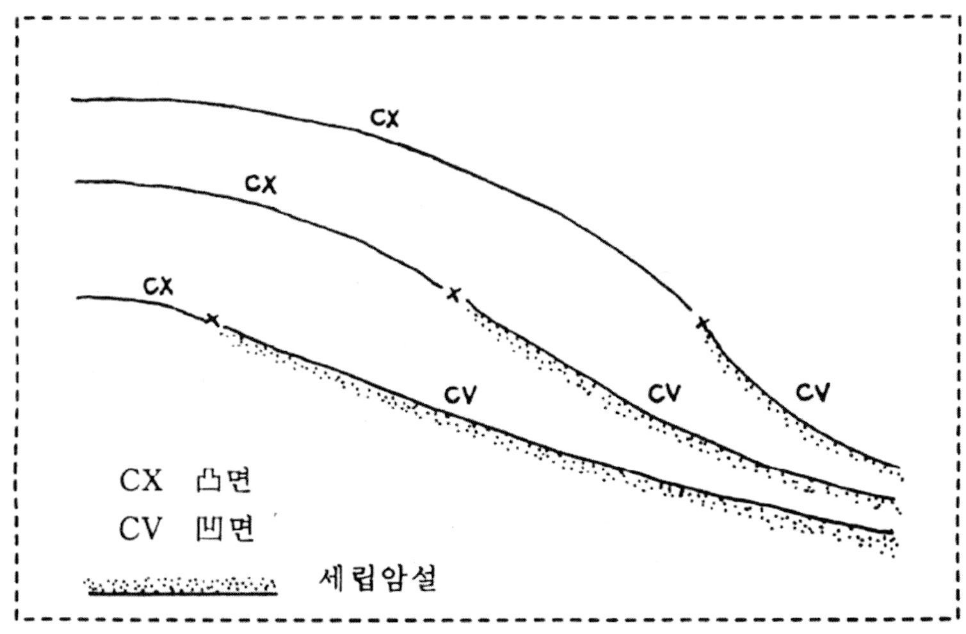

그림 83. 사면의 발달(Baulig, 1940)

凸면의 사면은 시간의 경과에 따라 凹면으로 변화된다.
산록부의 화학적 풍화에 따라 세립암석의 역할이 크다(습윤 지역).

Baulig는 다른 요소의 중요성도 인식하였는데 사면이 낮아지고 경사각이 감소함에 따라 사면 바닥에는 풍화층이 두꺼워지고 화학적 분해가 이루어지면 그 결과 미세한 입자가 다량 형성됨으로써 투수성은 작아지고 지표수는 증가한다. 화학적 분해에 따른 결과는 사면하부의 凹면 발달에 중요하며 점진적으로 세립질의 모래가 사면의 상부로 확장되어 결국은 얇아져서 투수성이 큰 층으로 변화된다고 보았다. 凹면은 凸면이 상쇄되면서 성장하여 하부의 암질이 어떠하든 마지막 단계의 사면은 凹면으로 나타나게 된다(**그림 83**). 이러한 모델은 사면관찰과 분석에 의한 결과는 아니며 이론적으로 치우쳐 있다.

King(1962)은 대표적인 암질 우세론의 입장에 서 있는 연구자로 사면의 "이상적 형태"는 기후인자보다 기반암의 영향을 반영한다고 주장한 바 있다. 그는 사면의 구성요소를 네 가지 성분으로 도식화하고 가장 중요하게 고려한 점은 암석

(lithology)이라고 하였다.64) 즉 단애의 발달을 도모하는 큰 기복을 예로 들고 기반암이 단단한 경우(화강반려암, 규암 및 괴상의 석회암 등)에는 단애가 발달하고 계곡이나 구릉 가장자리에서 오랫동안 유지한다고 보았다. 기반암이 쉽게 풍화될 정도로 약한 경우에는(얇은 석회암이나 셰일암석, 미고결의 사암 등) 단애는 존재하지 않고 완만한 凹凸면이 탁월한 경관이 나타난다고 주장하고 있다.

Horton(1945)은 지표수가 우세한 구릉사면 연구에서 침식이 이루어지지 않는 비침식대(belt of no erosion)가 구릉 정상부에 존재한다고 가정하였다. 비침식대는 지표 포상류가 제한되고 토양의 저항력을 극복하기에는 에너지가 부족한 분수령으로부터 일정한 거리의 임계길이(critical length: Xc)를 가지고 있다. 임계길이와 폭은 강우의 강도, 식생의 피복, 침투 등에 따라 차이가 있으며 사면 하부의 암석이나 풍화층의 두께에 의해 결정되기도 한다. 영국과 프랑스의 석회암 지대에는 임계길이가 실제 관측되었으며 하간지와 구릉정상부의 凸면의 형성에 기여한다고 보았다(그림 84).

이와 대조적으로 간헐적이고 집중적인 강우 패턴을 보이면서 식생피복이 드문 반건조 지역의 불투수성 점토와 셰일층 지역에는 임계길이가 최소가 되고 凸면이 제한되어 있다. 또한 침식의 진행이 느릴 뿐 아니라 토양층 형성도 미약하여 중간 사면의 부분은 거의 기반암으로 드러나 있다. 단단한 암질은 침식에 강한 모암(帽岩, caprock)으로 정상부에 단애로 남아서 아래의 약한 암질사면을 보호하는 동시에 사면의 평행후퇴가 정상부와 아랫부분이 거의 같은 비율로 진행된다. 건조 지역 사면에 세립질이 있는 경우에는 빗물과 바람, rill 침식에 의해 급사면이 많이 발달한다. 풍화층은 곧 제거되고 취식(吹蝕, deflaction)에 의해 산록에는 암설이 결여되며 반건조 지역의 단단한 암질에서 대량으로 거력들이 생산되거나 입상붕괴가 서서히 진행되어 완만한 사면에서도 중력이동에 의해 효과적으로 운반될 수 있는 사면 풍화물질이 형성된다. 그리고 페디멘트 사면이 급사면 기저부에 여기저기

---

64) Wood(1942)의 사면요소를 정리하여 King(1962)은 사면종단면을 기준 사면요소로 수정하였다(standard hillslope). 그는 산정부(crest)는 증가사면(waxing slope)이고, 그 아래에는 단애(scarp)로서 자유사면(free face), 그 밑으로는 암설사면(debris slope)인 직선사면, 그리고 맨 아래는 페디멘트사면, 즉 감소사면(waning slope) 등으로 구분하였다.

널리 전개된다.[65] 아프리카 짐바브웨 지역에서는 사면의 90% 이상을 페디멘트가
점유하고 있다고 한다.

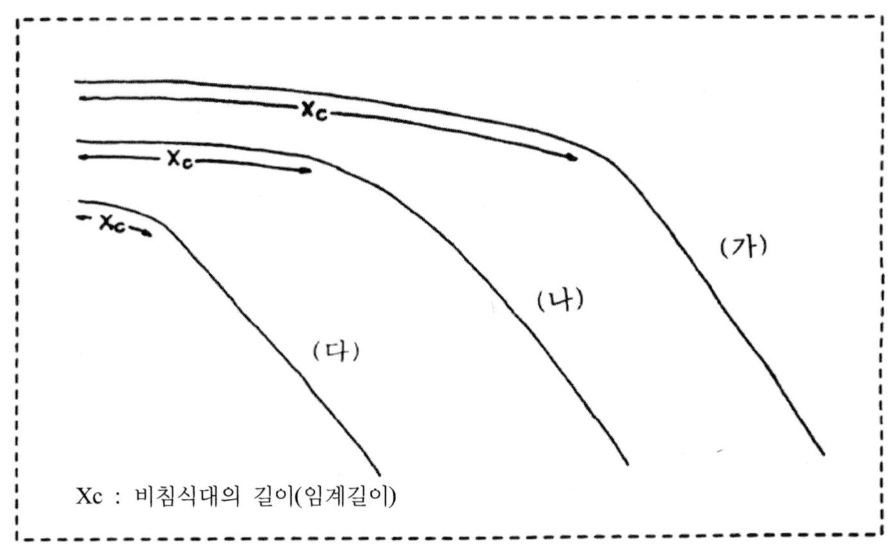

그림 84. 사면의 단면과 비침식대(Horton, 1945)

(가) 습윤 지역 (나) 아습윤 지역 (다) 건조 지역

5. 화강암의 사면

암석으로서 화강암의 특징은 상당히 다양하며 한국을 포함 세계각지에서 화강암
이 널리 분포하며 화강암 지역에는 기반암의 돌산(石山)이 수려한 경관으로 나타

---

65) K. Bryan(1925)은 애리조나 남서부 건조 지역에서 나타는 이러한 사면을 거력규제사
　　면(boulder - controlled slope)으로 규정짓고 노출된 사면 부분과 식생이 피복된 사면
　　으로 구분했다. 이곳은 기반암이 절리로 분리된 암괴들로 쪼개지고 사면을 덮는 거력
　　층 사면인데 시간의 경과로 암괴는 더욱 잘게 부서지고 세립화되면 간헐적인 유수와
　　사면이동에 의해 사면 아래로 제거된다. 사면에 있던 와지들은 거력들로 매몰되고 기
　　반암은 풍화되어 직선사면화한다. 거력물질이 사면에 머물고 있는 동안 사면은 거력층
　　들로 규제받고 거력층이 제거되면 사면은 평행후퇴를 시작한다. boulder - mantled slope
　　라고도 한다(Melton 1956).

난다. 또한 풍화 산물로서 모래질이 많이 생산되고 잔류암체로 관찰된다. 화강암의 일반적인 특징은 (1) 석영, 장석, 운모, 각섬석과 여타 광물질로 특별한 결정구조를 가지고, (2) 두 개 이상의 수직/수평 절리가 잘 발달된 절리조직이 나타난다는 점이다. 수직/수평 절리의 발달은 화강암 기반암을 일련의 블록으로 분리시키는 데 매우 효과적이며 곡선 형태의 판상절리는 규모가 큰 괴상(massive)의 화강암체를 형성하여 인상적이다.

화강암은 입상붕괴와 구상풍화 작용이 현저하고 화학적 풍화 작용이 활발하게 진행되는 곳은 두꺼운 풍화층과 핵석이 나타나고 모래질, 점토질 매트릭스의 물질을 형성하면서 저평한 분지로 변한다. 같은 화강암 기반에서의 풍화 현상 차이는 절리의 밀도와 화강암결정질의 크기에 관련이 있다. 고전적인 화강암 지형 연구 지역인 영국의 Dartmoor의 세립질 황색 화강암은 조립질의 반암 화강암보다 쉽게 풍화된다. 단애 형성이 용이하고 암설이 많은 조립질 화강암 지역과 완경사의 지형과 테일러스 퇴적물이 나타나는 세립질 화강암 지역도 쉽게 관찰된다. 화강암의 노두는 웅장한 돔 형태의 인젤베르그와 토르 그리고 거력층 물질로 덮인 급경사로 대표된다. 이러한 지형이 형성되는 기간 중에도 화강암은 심층풍화 작용으로 진행되고 기복이 적은 단조로운 분지가 함께 형성되는데 한국의 경우 대표적인 분지는 화강암이다.

1) 완만한 凸면과 凹면의 사면(그림 85의 가)

이들 사면은 화강암 기반이 분해되어 핵석과 잔류암설인 모래질, 점토질로 암석 구조가 사라지고 연속적인 식생이 있으며 모재층이 두꺼운 곳이다(creep slope 또는 regolith－covered slope). 이러한 경관은 주로 열대와 온대의 습윤한 지역에서 발달된다. 온대 대륙에서 나타나는 현상은 현재 기후 상태에서 생성된 것이라기보다는 온난 습윤했던 고기후에서 진전되었던 화학적 풍화 결과와 관련된 화석지형의 일종이라고 해석된다.

2) 단애면, 암설사면 및 페디멘트의 사면(그림 85의 나)

이들 사면은 Strahler(1958)가 제시한 세 가지 주요 사면형을 일시에 나타내는 것으로 뚜렷한 경사변화점(knickpoint)이 있다. 이러한 단면은 반건조 지역에서 잘 나타나며 습윤 사바나 기후와도 관련성이 있다. 자유사면인 화강암 단애면은 다양한 절리 간격의 영향을 보이는 것이고 현저한 판상절리에 따른 곡선형의 암석 노두로 하프돔(half-dome) 사면이다. 암설사면은 경사가 급한 30~40°에 걸쳐 있으며 거력물질로 덮인다. 거력퇴적물은 단애에서 낙하했거나 제자리에서 생산된 풍화물들이며 입상붕괴에 의해 서서히 작아지고 있다. 이른바 암석규제사면(boulder-controlled slope)인 것이다. 페디멘트 사면은 凹형의 단면을 가지고 경사는 7°를 넘지 않고 있는 산록완사면 지형이다. 여기에는 우세(rain wash)에 의한 일시적 하천으로 운반된 사질층이 얇게 덮인다. 이러한 단면은 장기간에 걸쳐 이루어지는데 King(1953)의 페디플레인 순환(cycle of pediplanation) 과정을 밟은 것으로 생각한다. 단애와 암설사면의 평행 후퇴로 인하여 결국 화강암체는 인젤베르그와 코피에(kopje)로 변화하고 페디멘트는 확장되어 열대아프리카의 광범위한 凹면의 경관특색을 나타내게 된다.

3) 보른하르트가 위치한 광대한 평원의 사면(그림 85의 다)

King이 주장한 페디플레인 진화의 후기에 속하는 지표 경관으로 좁은 곡저에는 충적 퇴적물로 덮이고 새프롤라이트로 구성된 넓은 평원은 지표 우세에 의한 프로세스로 하방침식이 이루어진다. 이 지역은 집중적인 대류성 강수에 노출된 지표면을 가진 계절적 습윤 사바나에서 탁월하다. 화강암 돔은 전체가 凸면(high-convex)의 단면 또는 정상부를 갖는 것이 많고 거의 수직형이거나 돌출된 오버행(overhang)으로 이어진다. 돔의 기저부는 암설이 없거나 있어도 기저부를 약간 가릴 정도이다. 돔의 형태는 기반암이 노출된 후 압력의 감소로 인한 판상절리와 관련되거나(이때 두께는 10m 이상이 많다.) 화강암 구조와 관련이 있다. 화강암이 만들어지는 동안에 냉각 압력, 장력 후퇴는 매우 느리며 사면의 아랫부분은 기저굴식(basal sapping)

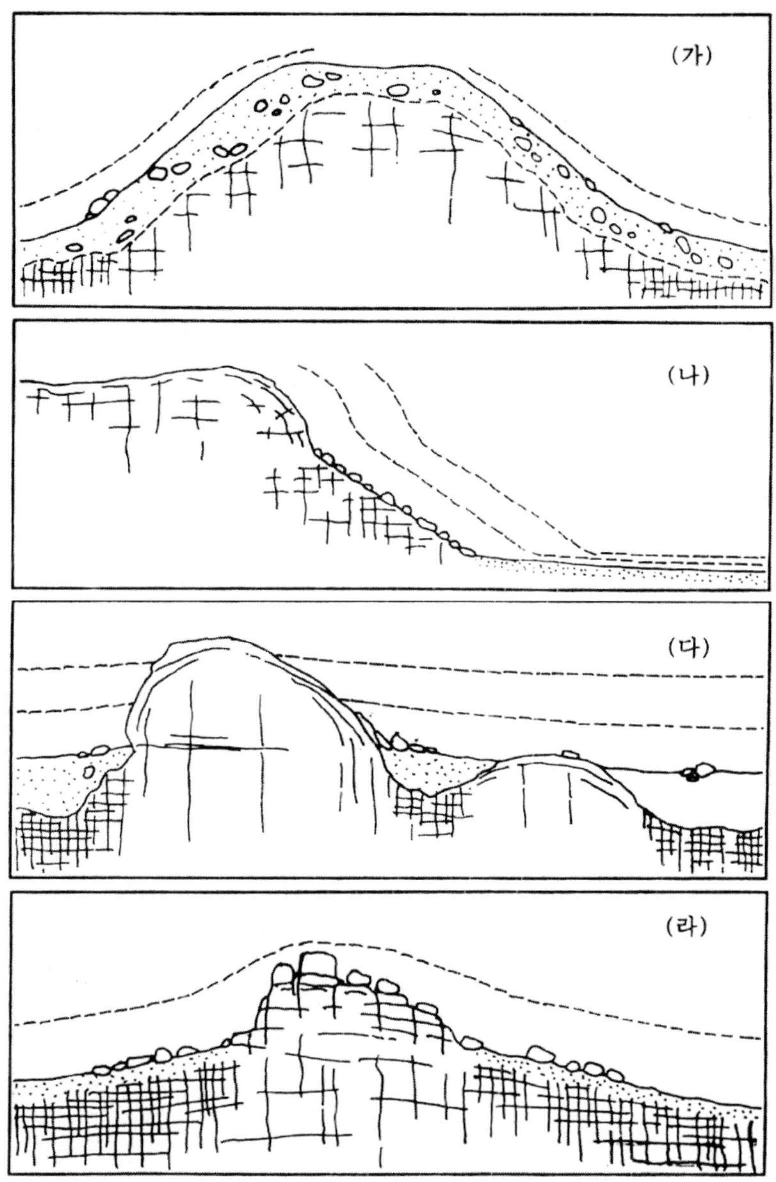

그림 85. 화강암의 사면발달의 유형

에 의해 수평의 안쪽으로 파여 凹면(low cancave)이 잘 형성되어 유지된다. 돔의 중심부를 정점으로 풍화 작용이 진행되어 상당한 높이로 성장하면 돔 바깥쪽에서 수직절리들이 발달하기 시작하여 붕괴가 시작된다. 대규모 보른하르트 지형은 이러한 방식으로 저하되어 암석구릉, 즉 코피에(kopje)로 남게 된다(Thomas, 1965).

4) 토르 군집에 의한 암석사면(그림 83의 라)

비교적 평평한 지표나 완사면상의 화강암 지역에서는 돌산이 많이 나타나는데 여기에 돌탑처럼 암괴들이 괴상으로 드러나 있다. 이러한 암괴집단은 구상풍화물(spheroidal weathering)들인데 이것들은 열대 환경에서 잘 알려져 있다. 특히 산성을 띤 빗물이 화강암의 절리를 넓게 확장시키고 잔류암설을 가진 핵석지대로 풍화층이 두껍게 발달한다. 한랭한 조건에서는 얼음과 동결작용에 의하여 화강암 절리들이 폐쇄되어 모서리가 예리한 모습의 토르 군들이 생성되는데 주빙하 토르(perglacial tor)들은 이렇게 하여 만들어진다.

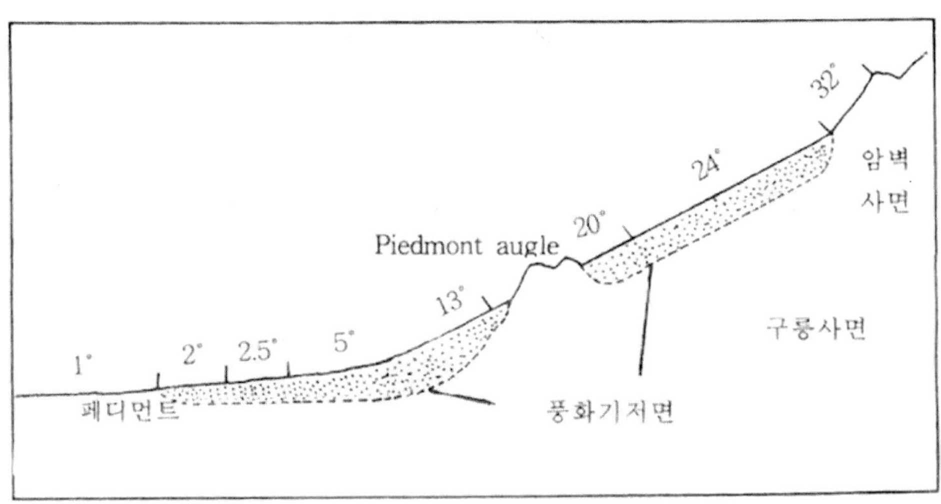

그림 86. 화강암 사면의 종단면(Ruxton, 1958)
사면은 (1)에서 (7)까지 일곱 개 단위로 구성되어 있다.

Ruxton(1958)은 수단의 화강암 사면을 정리하여 7개의 뚜렷한 단위로 정리한 바 있다(**그림** 86). 그에 의하면 (1) 거력층을 가진 암벽사면, (2) 단애에서 풍화된 2m 직경의 거력층으로 된 32°의 사면(boulder – controlled slope at 32°), (3) 화강암 풍화층으로 덮인 경사 24°의 넓은 구릉사면, (4) 경사 20도의 기반암의 노두, (5) 직경 0.5m의 풍화 물질로 덮인 경사 13°의 사면, (6) 직경 0.2m의 입자로 구성된 경사 3~5°의 페디멘트. (7) 경사도 1° 이하의 점토평원으로 이어지는 하부 페디멘트 사면을 포함한다. 이러한 사면 단면의 형성은 운반되는 화강암석의 크기와 기반암 풍화 작용의 강도를 기초로 하고 있다. **그림**에서 piedmont angle(4와 5 사이)은 화강암 암괴들이 쪼개지는 지점과 일치하고 있으며 이 지점 하부에서는 붕괴과정에서 생성된 미립물질을 빠르게 제거시키고 있다. 이때 지표에 스며든 수분은 화학적 풍화를 촉진시키고 지속적으로 점토 물질을 형성시킨다.

참고문헌

강영복, 1986. 지형형성과정에 있어서 풍화 작용과 토양생성작용의 역할과 특성, 지리교육논집, 17, 67 - 91.

권순식, 1966. 화강암 풍화층에 관한 연구, 청주대 인문과학논집, 5, 149 - 163.

권순식, 1977. 동래 금정산록의 solifluction 퇴적물에 관한 연구, 지리학연구 제5호, 295 - 306.

권순식, 1978. 부산시 범어사 주변의 Block Field에 관하여, 지리학 논총5, 49 - 54.

권순식, 1985. 기후발생적 지형소고, 상당지리, 4, 23 - 46. 청주대학교 지리교육과.

권순식, 1987. 한반도 화강암 풍화층에 발달한 제4기 주빙하 결빙구조에 관한 연구, 지리학 논총, 별호 4호.

권순식, 1996. 화강암 풍화층 단면의 특징, 청주지리 11, 1 - 11, 청주대학교 지리교육과.

권순식, 2005. 사면이동의 지형학, 다락방.

기근도, 1999. 대관령 일대의 지형 · 토양환경, 한국교원대학교 박사학위논문.

김영래, 2004. 한반도 중남부의 화강암과 편마암의 풍화특색, 한국교원대학교 박사학위 논문.

김주환, 장재훈, 1978. 한국의 화강암에 발달된 Salt Weathering현상에 관한 기후지형학적 연구, 지리학연구, 4, 29 - 53.

김상호, 1973. 중부 지방의 저위침식면 지형연구, 서울대학교 논문집, 이공계 21, 85 - 115.

도한진, 1982. Talus 이동에 관한 연구 - 문경지방을 중심으로, 동국대학교 석사학위논문.

오경섭, 1989. 화강암 풍화층의 점토조성과 풍화 환경, 지리학, 40, 31 - 42.

장호, 1977. 강릉주변의 저위침식면 지형 연구, 서울대학교 대학원 석사학위논문. 장호, 1983. 남서부 지방의 제암석에 나타나는 풍화혈의 성인과 형성 시기, 지리학논총, 10, 305 - 324.

장재훈, 2002. 한국의 화강암 침식지형, 성신여자대학교출판부.

조성진, 박천서, 엄대익, 1985, 1985. 토양학, 향문사.

최성길, 1985. 진도내만지역의 shore platform의 형태와 발달과정의 연구, 지리학, 31, 16 - 31.

황상일, 박경근, 2007. 독도 동도 서쪽 해안의 타포니 지형 발달, 한국지역지리학회지, 13, 422 - 437.

赤木祥彦, 1973. 半乾燥地域 ニオケロ斜面發達, 地理18卷, 36 - 47.

赤木祥彦, 1978. 乾燥地域의 地形, 地理 23, 1, 84.

Baulig, H. 1940. Le prafil d'eguilibe des versants, *Annales de Géog.*, 49, 81 - 97.

Birot, P. 1968. *The cycle of Erosion in different climate*, Basford, London, 97.

Blatt, H. 1982. *Sedimentary Petrology*, W. H. Freeman & Company, San Francisco, 546.

Branner, J. C. 1896. Decomposition of rocks in Brazil. *Geol. Soc. Amer. Bull.* 7.

Black, C. A. 1968. *Soil - Plant Relationships*, Wiley & Sons, N. Y.

Blackwelder, E. 1926. Fire as an agent in rock weathering. *J. Geol.* 35, pp.134 - 140.

Bremer, H. 1965. Ayers Rock. *Zeit f. Geomorph.*, 9. 249 - 284.

Brewer, R. 1964. Fabric and Mineral Analysis of So,ls, John Wiley & Sons Inc., 470.

Brown, C. B. 1924. On some effects of wind and sun in the desert of Tumbez, Peru. *Geol. Mag.*, 61, 337 - 339.

Bryan, K. 1940. The retreat of slopes, *Ann. Ass. Am Gegr.*, 30. 254 - 68.

Büdel, J. 1963. Klima - genetische Geomorphologie, *Geographische Rundschau*, 15, 269 - 285.

Büdel, J. 1957. Die 'Doppelten Einebnungsflachen' in den feuchten Tropen. *Zeit. f. Geomorph.*, 1. 201 - 228.

Bunting, B. T. 1961. The role of seepage moisture in soil formation, slope development and stream initiation. *Amer. J. Sci.*, 259, 503 - 518.

Bustin, R. M. & W. H. Matthews. 1979. Selective weathering of granite clasts, Canada. J. Earth. Sci., 16. 214 - 223.

Caine, N. 1983. *The Mountains of Northeastern Tasmania; A study of alpine geomorphology*, Balkema, Rotterdam.

Chorley, R. J. 1964. The model position and anomalous character of slope studies in geomorphological research, *Geog. J. 130, 503 - 6.*

Chorley, R. J. & Kennedy, B. A. 1971. *Physical Geography; A Systems Approach*, London, Prentice - Hall.

Cooke, R. U. & Samlley, T. J. 1968. Salt weathering in desert, *Nature*, 220, 1226

‒1227.

Cogley, J. G. 1972. Processes of solution in an arctic limestone terrain, *Institute of British Geographers Special Publication*. 4. 201‒211.

Dahl, R. 1966. Block field, weathering pits and tor like forms in the Narvik Mountain, Nordland, Norway. *Geografiska Annaler*, 48A, 55‒85.

Demek, J. 1965. Slope development in granite areas of Bohemian Massif(Czechoslovakia). *Zeit. f. Geomorph. Supp.* 5, 82‒106.

De Swardt, A. M. J. 1964. Lateritisation and landscape development in parts of equatorial Africa, *Zeit. f. Geomorph*, 8, 313‒333.

Duchaufour, P. 1982. *Pedology*, George Allen & Unwin, London.

Emery, K. O. 1944. Brush fires and rock exfoliation, *Amer. J. Sci.*, 242, 506‒508.

Faniran, A. & Jeje, L. K. 1983. *Humid Tropical Geomorphology*, Longman.

Faniran, A. 1968. A deeply weathered surface and its destruction, PhD. thesis Univ. of Sydney, N. S. W.

Fezer. G. 1965, Tiefenverwitterung circumalpiner pleistozanschotter. Heidelberger *Geogr. Arb.* 24.

French, H. M. 1976. *The Periglacial environment*, London, Longman.

Godard, A. 1977. *Pays et Payges du Granite*. Presses Univ. France, Paris.

Hallsworth, E.G., and Costin, A. 1953. *Experimental pedology*. Bulter‒worth, London.

Harris, C. 1981. *Periglacial Mass ‒wasting* : A Review of Research, Geo Abstracts, Norwich.

Hey, R. W. 1963. Pleistocene screes in Cyrenaica(Libya). Eiszeitalter und Gegenwart, 14, 77‒84.

Hills, E. S. 1968. A study of cliffy coastal profiles based on examples in Victoria, Australia, *Zeit. f. Geomorph.* in press.

Holmes, A. 1923. Petrographc methods. Murby, London

Horton, R. E. 1945. Erosional development of streams and their drainage basins, *Bull. Geol. Soc. Amer.*, 56, 275‒370.

Howard, A. D. 1942. Pediment Passes and the Pediment Problem, J. Geomorph. V. 5.

Jenny, H. 1941. *Factors of soil formation*, McGraw Hill, New York.

King, L. C. 1962. Morphology of the Earth. Olive & Boyd,, Edinburgh.

King, L. C. 1966. The origin of Bornhardts, *Zeit. f. Geomorph.* 10, 87 – 98.

Lautridou, J. P. 1988. Recent advances in cryogenic weathering. In Advances *in Periglacial Geomorphology.* ed. M. J. Clark, 33 – 47.

Linton, D. L. 1955. The problem of tors. *Geog. J.* 121, pp.470 – 486.

Mabbutt, J. A. 1952. A study of granite relief from South West Africa. *Geol. Mag.,* 89, 87 – 96.

Mabbutt, J. A. 1961. 'Basal surface' or 'weathering front' *Proc. Geol. Assn. Lond.,* 72, 357 – 358.

Mattson, S. and Lonnema, H. 1941. The pedology of hydrologic podsol series. *Ann, Agr, Coll. Sweden,* 7. 185 – 227.

Millar, C. E. 1966. *Fundamentals of soil science.* Wiley, New York.

Matthews, F. E. (1930). Geologic History of the Yosemite Valley USGS. NO.160.

Milner, H. B. 1962. *Sedimentary petrography.* Allen and Unwin, London.

Nikiforoff, C.C. 1942. Fundamental formula of soil formation. *Amer. J. sci.,* 240, 847 – 866.

Ollier, C. D. 1963. Insolation weathering: examples from Central Australia, *Amer. J. Sci.* 261, 376 – 87.

Ollier, C. D. 1969. *Weathering,* longman, London.

Ollier, C. D. 1960. The inselberg of Uganda. *Zeit. f. Geomorph.,* 4. 43 – 52.

Ollier, C. D. & Pain, C.1996. *Regolith, Soils and Landforms.* John Wiley.

Ollier, C. D. & Tuddenham, 1962. Imselbergs of Central Australia, *Zeit. f. Geomorph.,* 5, 257 – 276.

Palmer, J. & R. A. Neilson, 1961. The origin of granite tors on Dartmoor, *Yorkshire Geol. Proc.* 33, 315 – 330.

Peltier, L. 1950. The geographical cycle in periglcial regions as it is related to climatic geomorphology, *Ann. Assoc. Amer. Geog.,* 40, 214 – 236.

Pettijohn, F. J. 1975. *Sedimentary Rocks,* 3rd edi, Harper & Row, New York, 682.

Polynov, B. B. 1937. Cycle of weathering.(Trans. A. Muir). Murby, London.

Reiche, p. 1950. A survey of weathering processes and prodncts. New Mexico Univ. Publ. Geology.3.

Rognon, P., 1967. *Le Massif de l'Atkakor et ses Borures(Sahara Central). Etude Geomor., Paris.*

Robinson, D. A. and William, RBG. 1994. Rock weathering and landform evolution. Chichester; John Wiley.

Ruxton, B. P. & Berry, L. 1957. The weathering of granite and associated erosional features in Hong Kong. *Bull. Geol. Soc. Amer.*, 68, 1263 – 1292.

Ruxton, B. P. 1958. Weathering and subsurface erosion in granite at the Primont Angle, Balos, Sudan, *Geol. Mag.* 95, 353 – 377.

Selby, M. J. 1942. *Hillslope materials & Processes,* Oxford.

Spark, B. W. 1971. *Rocks and Relief,* Longman.

Strakhov, N. M. 1967. *Principles of lithogenesis.* Vol. 1. Trans. J. P. Fitzimmons, Oliver & Boyd, Edinburgh.

Strahler, A, N. 1958. Dimensional analysis applied to fluvially eroded landforms. *Bull. Geol. Soc. Amer.*, 69, 279 – 300.

Smith, D. J. 1972. The solition of limestone in an arctic environment, *Institute British. Geographers. Special, Publication.* 4,187 – 200.

Tamm, O. 1932. Der braune Waldboden in Schweden, *Proc. 2nd. int. Cong. Soil. Sci.*, 5. 178 – 189.

Tator, B. A. 1952. Pediment Characteristics and terminology, *Am. Ass. Ame. Geogr.*, 42, 295 – 317.

Thomas. M. F. 1965. Some aspects of the geomorphology of tors and domes in Nigeria, *Zeit. F. Geomorph.*, 9. 63 – 81.

Thomas, M. F. 1966. Some geomorphological implication of deep weathering patterns in crystalline rocks in Nigeria, *Trans. Inst. Br. Geog.*, 40, 173 – 193.

Thomas, M. F. 1974. *Tropical Geomorphology; a study of weathering and landform development in warm climates,* Macmillan, London.

Tinkler, J. Slope profiles and scree in the Eglwyseg Valley, North Wales. *Geogr. J.*, 379 – 85.

Tuan, Yi – Fu. 1959. Pediments in southeastern Arizona, Univ. Calif. Pub. Geog. 13, 140.

Twidale, C. R. 1964. Contribution to the general theory of domed inselbergs, Conclusions derived from observations in South Australia, *Trans & papers*

Inst. Brit. geogr. 34, 94 − 113.

Twidale, C. R. 1962. Steepened margins of inselbergs from north − western Eyre Peninsula, South Australia, *Zeit. f. Geomorph.* 6, 51 − 69.

Twidale, C. R. 1982. *Granite Landforms,* Elsevier.

Twidale, C. R. 1968. 'Inselberg' in *Encyclopedia of Geomorphology,* R. W. Fairbridge(ed), Reinhold, New York, 556 − 9.

Twidale, C. R. 1978. On the origin of Ayers Rock, central Australia, *Zeit, F. Geomorph. Suppl,* 31, 177 − 206.

Thorp, M. B. 1969. Some aspects of the geomorphology of the Air Mountains, southern Sahara, *Trans. Inst. Brit. geogr.* 47, 25 − 46.

Van Vliet − Lanoe, B. 1985. Frost Effects in Soils, *Soils and Quaternary Landscape Evolution.* ed. Boardman, J., John Wiley & Sons Ltd. 117 − 157.

Visher, S. S. 1945. Climatic maps of geological interest. *Bull. Geol. Soc. Amer.,* 56, 713 − 736.

Walker, E.H. 1963. Relative rates of erosion under grass and forest in a valley of Western. Wyoming. *Northwest Sci.,* 37, 104 − 111.

Wayland, E. J. 1933. Peneplains and some other erosional platforms,. *Ann. Rep. Bull. Uganda Geol. Surv. Dept.,* 77 − 79.

Wetzel, W. A. 1988. Weathering and development of weathering residual of the boulder batholith, southern Montana, Simon Allen Univ., Dissertation, 100.

Willis, B. 1936. East Africa plateaus and rift valleys. *Carnegie Inst. Wash. Publ.* 470.

Wellman, H. W., & Wilson, A. T. 1965. Salt weathering, a neglected erosive agent in coastal and arid environments. *Nature,* Lond, 205, 1097 − 1098.

Wetzel, W. A. 1988. Weathering and developmemnt of weathering residual of the boulder batholith, Southwestern Montana, Simon Allen University, Dissertation, p.100.

Wood, A. 1942. The development of hillside slopes, *proc. Geol. Assoc.,* 52, 128 − 140.

Woolnough, W. G. 1927. The duricrust of Australia. *Jour. Proc. Roy. Soc. N. S. W.,* 61. 25 − 53.

Young, A. 1971. *Slopes,* Oliver and Boyd.

찾아보기

화장암 풍화층 단면의 특징*

권순식**

〈목차〉

Ⅰ. 서론	Ⅳ. 고찰 및 결론
Ⅱ. 심층풍화층과 등체적 풍화	* 참고문헌
Ⅲ. 화강암 풍화층의 단면	* ABSTRACT

主要語: 심층풍화 풍화단면, 핵석, 화강암

Ⅰ. 서 론

지표에서 지형의 기복을 일차적으로 결정하는 풍화층은 상당히 다양한 모습으로 관찰되고 있다. 한랭한 지역이나 고산지방의 사면은 노출된 기반암이 그대로 드러나 있거나 풍화산물이 결여되어 있어서 토양모재는 겨우 수 cm정도로 미약하게 발달되고 있다. 열대건조지역 역시 토양층이 얇게 형성되어 있으며 습윤열대 지방이나 사바나 지역에서는 수십m에서 100m이상의 풍화층이 두꺼운 상태도 나타나고 있다. 본문은 풍화층을 고찰하기 위하여 심층 풍화와 등체적 풍화의 내용을 기술하고 풍화층의 단면을 살펴봄으로써 지형형성 기초에 기여하는 풍화층의 특징을

---

* 청주지리(1996)제11호, PP.1－11. 청주대학교 지리교육과.
** 청주대학교 지리교육과 교수, 학과장.

파악하는데 주안점을 두었다. 여기에서는 기존연구의 문헌을 참조하고 현장을 답사하여 단면을 관찰하였다. 관찰 내용은 풍화층의 깊이, 암질의 상태, 기반암과 역의 풍화정도, 크기, 매트릭스 물질의 성격 등이다.

II. 심층풍화층과 둥체적 풍화

1) 심층풍화(Deep Weathering)[1]

암석들은 지표면에서 지면 밑으로 깊이 풍화되어 있는 것이 일반적인데 암석이 제자리에서 변질되어 기반암과 구별되는 풍화층을 풍화맨틀(weathering mantle), 새프롤라이트(saprolite) 또는 리골리스(regolith)라고 한다. 견고하고 딱딱한 기반암반 상부에서 토양층까지를 피복하는 일체의 물질이다. 여기에는 풍적물이나 다양한 creep을 비롯한 사면이동물질과 토양층까지 포함하는 것이 보통이다. 이렇게 상당한 깊이까지 변질되어 있는 암층을 심층풍화(deep weathering)라고 하는데 온대지역에서는 불과 수십 cm정도로 관찰되고 있지만 습윤열대지방은 수십m에서 100m를 넘는 두께로 발달되어 있다.

풍화층의 층후는 불규칙하고 다양함으로 통계적으로 일률화하기 어려운 점이 점이 있다. 다공질이며 침투성이 활발한 결정질 암석은 화학적 반응이 활발하여 상당한 깊이까지 풍화가 진행되며 불투수성이고 화학적 반응이 느린 암질은 층후가 얇다. 화강암 또는 dolerite와 석영 암맥과 비교하더라도 상이한데 동일한 조건이면 화강암과 dolerite가 석영암 맥보다 심층풍화진행의 속도가 빠르다. 기후와 지면경사 또한 풍화발달과 관련이 있어서 급속한 침식을 받는 곳은 표토층이 쉽게

---

1) 심층풍화(deep weathering)의 정의는 다음과 같다. 'The production of thick REGOLITH(or SAPROLITE) by prolonged chemical weathering. Deep weathering esp. associated with areas of low relief in humid tropical environments, though it is also encountered in temperate regions and deserts (in both of which it is probably a "relict" feature)'. Monkhouse and Small, 1978, pp.83).

제거되어 심층풍화는 이루어지지 않는다. 그러나 침식이 지연되면 풍화산물이 제 자리에 남거나 다른 퇴적물로 매몰됨으로써 풍화맨틀은 상당히 두꺼워지게 된다.

그림 1. 화강암 심층풍화 단면 단면층 두께는 6m 이상이다.

아프리카 평원과 오스트레일리아 대륙의 경우에서 양호한 기후조건과 평탄한 지형으로 인하여 풍화진행 속도가 가속화됨으로서 광범한 평탄지형이 이루어지는 것이 예상됨과 동시에 심층풍화 생성에 대단히 유리하며, 나이지리아 지역과 우간다에서는 층후 90m－100m이상의 화강암 풍화단면층을 보이는 곳이 일반적이고 여기에서 기원한 화강암 보른하르트 지형이 보고되고 있다(Thomas 1965; Ollier 1960).

중위도 지역 즉 온대지역에 속하는 체코슬로바키아는 고령토 중심의 심층풍화층이 100m이상으로 발달되어 있고(Demek 1964), 오스트레일리아의 New South Wales에서도 200m 이상(Browne 1964), Queensland의 화강암 풍화층이 40－50m, Vietoria는 78m로 나타나 있는데(Ollier 1965), 이들 지역의 심층풍화 현상은 오늘날 환경조건에서 이루어진 것이 아니고 가까운 지질시대인 간빙기 또는 제 3기말 시기에 대부분 형성되었던 것으로 해석하고 있다.

Fitzpatrick(1963)은 영국의 Scotland에서 신생대 플라이오세(Pliocene)자갈들이 심층풍화층에 많이 포함되어 있는 현상을 논의하면서 이 지역의 심층풍화는 지난 지질시대 플라이오세나 전 플라이오세의 것으로 간주한 바 있다.

2) 등체적 풍화(Constant Volume Weathering)

암석을 구성하는 광물성분의 변질은 원래 생성당시 보다 밀도(density)가 낮아져서 새로운 광물형성으로 전환되기 때문에 풍화과정에서 광물은 팽창한다고 간주된다. 따라서 암석이 지표에 노출되어 하중의 제거가 이루어지면서 대기와 수분에 접하고 풍화현상이 진행됨으로 인해 암석은 팽창되면서 공극의 증가도 수반한다. 따라서 암석은 지표에서 체적(volume)의 변화도 현저한 풍화현상을 일으킨다. 한편 심층풍화층과 같이 상당한 깊이에는 체적의 변화가 없이(without volume constant)풍화가 이루어진다.

이것이 등체적 풍화인데(Ollier 1967) 이리한 지역에서는 광물의 화학적 변질에도 불구하고 암석의 원래 구조가 충실히 보존되어 있고 화성암과 변성암에서도 두루 나타나지만 결정질 암석인 화강암에서 등체적 풍화가 가장 전형적으로 나타난다. 여기에는 미세한 석영의 맥(vein), 질리, 소규모의 단층, 성층면, 포획암을 비롯 퇴적암의 구조등이 심층풍화층에서 그림자 같이 형체를 보여주고 있다. 절리면을 따라 구획된 암과들의 모습이 관찰되고 절리조직과 패턴이 파괴되지 않은 채로 나 타나는데 변형이 없이 팽창된 것처럼 보이지 않고 있다(그림 1). 한반도에서 볼 수 있는 심층풍화층이 지표에 나타나는 것은 풍화층이 생성된 후 상당한 기간이 지났고 융기와 더불어 탈거중심(stripping)의 지형발달이 현재까지 진행되어 온 것 으로 간주된다.

III. 화강암 풍화층의 단면

1) 풍화층 단면에 관한 연구는 지형학자늘에게 관심이 많고 흥미로운 점이 많 다. (Ruxton and Berry 1957, Mabbutt 1971, Nesbitt 1979)

이들 연구중에는 화강암에 관한 것이 많은데 이것은 풍화층 단면의 구역들 (zones)이 잘 드러나고 있기 때문이다. 그림 2는 토양층에 해당하는 지표의 구역 (VI)을 제외하면 5개로 언급하고 있다. 풍화구역(V)에서는 암석의 구조가 결여된 모래와 점토층의 잔류물로 되어 있다. 잔류물 중에는 석영과 고령토가 대부분을 차지하고 있다. 풍화구역(IV)에서는 상·하층으로 다시 세분되는데 상부는 장석류 와 고령토를 매트릭스로 한 석영입자와 표백된 실트(pallid silt)로 구성된다.

단면의 하부로는 직경 10cm내외의 자갈과 중간크기의 자갈류가 석영질의 모래 와 또한 각력 등으로 혼재해 있음이 특징이다. 풍화의 층후는 수십m에 달할수 있 다. 풍화구역(III)에서는 절리블록(jointed block)으로 분리된 둥근 핵석들이 구상풍 화(spheroidal weathering)를 받아 군집으로 관찰되는데 풍화층이 깊어질수록 핵석 들의 규모가 커지고 직경이 1m이상의 것도 다량으로 나타난다(그림4와5).

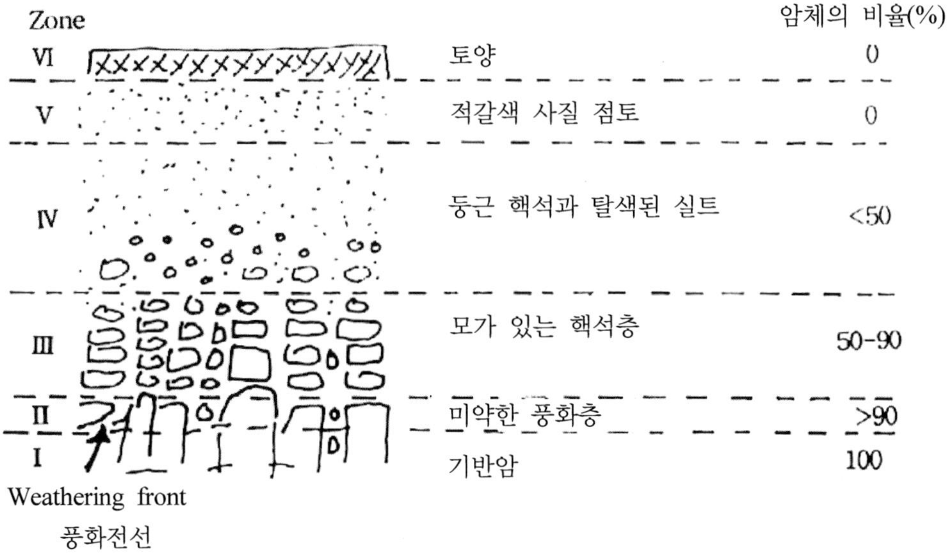

Zone   암체의 비율(%)

VI   토양   0

V   적갈색 사질 점토   0

IV   둥근 핵석과 탈색된 실트   <50

III   모가 있는 핵석층   50-90

II   미약한 풍화층   >90

I   기반암   100

Weathering front

풍화전선

그림2. 화강암 풍화층의 단면

풍화구역 전체의 특징을 보이고 있음

 큰 역들의 주변물질은 화학적 변질정도가 미약하고 일차광물 장석류는 점토화되지 않고 있다. 이 구역에서는 깊이에 따른 풍화진전 정도는 다양함을 보이고 있다. 풍화구역(Ⅱ)에서는 기반암의 절리에 따라 풍화상태가 제한되고 기반암의 90%는 변질되지 않고 화학적 분해(decomposition)가 더욱 미약하여 흑운모에 있어서는 철분 산화에 따른 적색무늬의 코팅이 질리면을 따라 특색있게 관찰된다. 이 풍화구역 밑으로는 풍화되지 않은 기반 암체로서 풍화층과는 불규칙적이고 기복이 있는 풍화전선(weathering front)2)으로 확연히 구분되고 있다.

 2) 그림 3은 대관령 주변에서 관찰되는 흑운모 화강암 풍화층의 모습으로 남동 방향으로 사면경사 10°~12°에서 발달된 단면이다.

---

2) 풍화전선은 원래 Linton(1955)는 화강암 tor연구에서 basal platform으로 지칭한 바 있었는데 Ruxton과 Berry(1957)는 풍화기저면(basal surface of weathering)으로 불렀으나 Mabbutt(1961)는 풍화층과 그 아래 기반암과 구분할 수 잇는 線的의미를 가지고 있다고 보았으며 이후 front가 그후에 일반적으로 쓰이기 시작하였다. 그러나 풍화의 하한선으로 '기저면'도 사용되고 있다. 퇴적암 풍화층에서는 풍화전선의 모습이 모호한 경우도 많다.

　Ruxton과 Berry의 구획에 따라 정리한다면 풍화구역(Ⅵ)에서는 층후 50cm－1m 정도의 피복물질로 이루어진 부분으로서 직경 10cm 내외의 각력들과 20cm 크기의 암괴들이 황갈색, 회색의 미립물질을 매트릭스로 하여 박혀 있다. 풍화로 형성된 사질층에서는 실트질이 우세하며(15－20%) sorting, bedding은 없다. 역들은 화강암이며 밑으로 갈수록 적색(7.5YR)을 띄고 치밀하며 약간의 삼림토양이 생성된다. 풍화구역(Ⅴ),(Ⅳ) 에서는 수평의 미세한 균열(엽상구조)로서 심층풍화층이 새프롤라이트를 매트릭스로 하여 드물게 핵석들이 발견되는데 핵석들은 풍화되어(腐碟化) 있다. 여기에는 석영기원의 모래질(grus)이 많이 차지한다. 모래층은 치밀하고 흑운모 입자는 세립으로 쪼개지며 적갈색으로 변화되어 있다(현미경관찰에 의함). 경사에 따라 나란한 수평균열구조가 구부러져 있다. 풍화구역(Ⅲ)과 (Ⅱ)는 모가 난 핵석들이 많이 관찰되고 층후(두께)는 5m 내외이다. 구상풍화는 진전되지 않고 절리블록으로 된 암괴가 다량 나타나고 있다. 연구된 바에 의하면(권순식 1987) 화학적 변질과 함께 일차광물의 석영과 장석류 그리고 소량의 고령토가 혼재되어 있다. 풍화구역(Ⅱ)은 심층풍화된 기반암의 모습을 보이고 흑운모와 철분 산화에 따라 적색 무늬 코팅이 절리면을 따라 관찰되는데 이 또한 경사에 따라 사면 아래로 휘어져 있다. 풍화층의 하한선인 풍화기저면 즉, 풍화전선은 관찰되지 않는다.

　그림 4는 고도 600m의 대관령 목장 주변에서 관찰되는 화강암 풍화층으로서 단면의 층후는 7~8m로서 제자리에서 풍화된 적색의 새프롤라이트를 매트릭스로 핵석군(core stone group)들로 구성된다. 핵석의 크기는 직경 50cm, 장경이 1m에 달하고 수평, 수직절리의 교차모습이 잘 관찰된다. 풍화단면층은 (Ⅳ), (Ⅲ) 구역으로 간주되고 (Ⅵ), (Ⅴ) 구역은 사면화 작용을 받았으며 잔류된 풍화층에서 현생토양인 삼림갈색토층이 수십cm로 발달하고 있다. 그림 5는 그림 4 지역 부근에서 관찰되는 기반암내 지름이 1m 크기의 핵석 거력(巨碟)으로 드러난 것으로 암질은 단단하고 암괴표면에서 플레이킹(flaking)이 진행되고 주변은 입상붕괴로 쉽게 부서진다. 핵석형태는 절리조직에서 결정되고 수직, 수평의 절리방향이 뚜렷하다. 풍화층에서 보편적으로 형성된다. 암질은 대관령 화강암이다. 열대지역의 단면에서 대비한다면 풍화구역 Ⅲ에 해당하며 상부풍화층은 모두 해체된 것으로 판단된다. 여기에서는 풍화층의 체적변화가 최대로 된 상태이다.

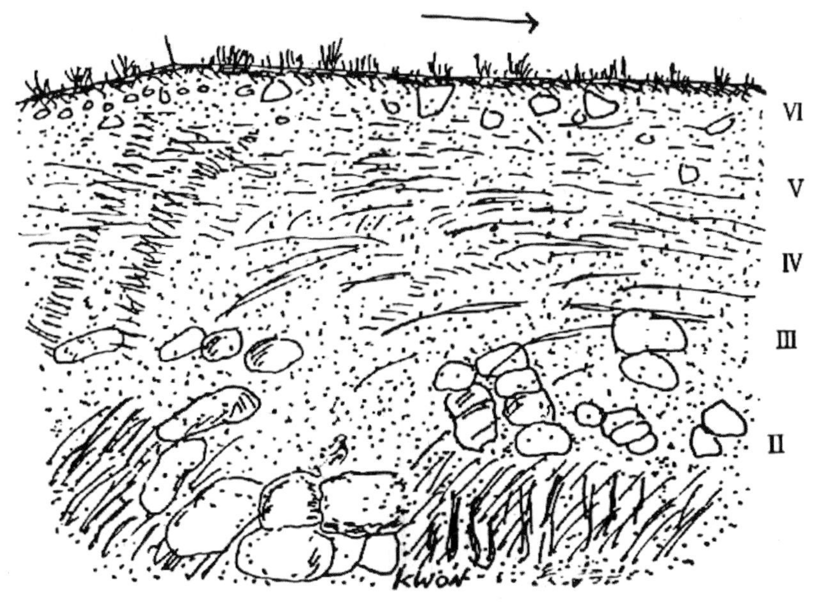

그림 3. 흑운모 화강암 풍화층 (대관령)

단면의 상부는 피복물질이며, 중간과 하부는 원래의 풍화 상태를 보이고 있다.

그림 4. 풍화층 단면

하학적으로 풍화된 기반암 상부에 핵석 암괴층(Ⅳ, Ⅲ 구역으로 판단)

그림 5. 풍화층 내부의 핵석 형성

Ⅳ. 고찰 및 결론

풍화층(weathering mantle, regolith)의 깊이는 극도로 다양한 변화상을 보인다. 한랭지역이나 건조지역 그리고 산악지방의 사면등을 제외한 평탄한 지역에서는 일반적으로 풍화층이 잘 발달되고 있다. 풍화층은 화학적 변질의 산물인 심층풍화가 두드러지는데 이는 원래의 암석구조 형체가 잘 보존되어 있으며, 암석이 지표에서 체적변화에 따른 풍화특성보다는 등체적 풍화(constant volume weathering)의 현저한 특징이 두드러진다.

특히 화강암은 조암광물 입자가 불규칙하게 배열되어 있고 공극율이 낮지만 운모류와 장석류 같은 화학적으로 취약한 경우에서는 풍화가 진전되면서 부피의 팽창으로 밀도가 낮아져 암석조직이 쉽게 이완 붕괴되어 풍화층 단면은 잘 보인다. 홍콩의 화강암 풍화층 단면은 다수의 풍화구역으로 분류해 볼 수 있고 그에 따른 특색을 찾을 수 있다. 두꺼운 화강암 풍화층은 매스무브먼트와 지표유수작용으로 침식 탈거됨으로 한반도에 나타나는 단면층은 홍콩의 경우와 달리 결여된 풍화구역이 보편적으로 관찰된다. 또한 핵석집단만이 노출되는 경우가 많으며 여기에서 현생토양이 모재로 발달하고 있다. 국내에서 이루어진 심층풍화현상이 도처에서 발견되고 그 층후도 다양한데 그것이 오늘날 기후환경조건에서 생성된 것이라고는 보기 어렵다. 즉 이러한 풍화층과 고온습윤한 고기후하에서 생성된 것이라고 간주된다. 어떤 지역의 풍화, 침식 탈거작용은 그 지역의 구조운동과 밀접히 관련된다.

지반이 안정된 한반도는 침식속도와 더불어 풍화진행이 우세하고 기반암 풍화가 진전되어 풍화층이 깊게 형성되며, 융기지역에서는 풍화속도보다 침식속도가 우세하여 심층풍화층을 쉽게 제거시킬 수 있기 때문에 풍화층이 얇고 기반암이 노출된다. 안정시기에 풍화층을 두껍게 형성했던 한반도는 태백산맥을 축으로 상승요곡작용의 결과 고원상의 대관령 지역들에서는 계곡들이 나타나고 풍화층이 소실되거나 두께가 얇아지는 경향이 있다(기근도 1991). 우리 나라 곳곳에 나타나는 심층풍화 증거들로 미루어 보아 이를 가능케한 고온습윤한 환경의 존재를 간과할 수 없다.

풍화층에 나타난 거력의 핵석집단은 심층풍화 진행에서 만들어진 것으로 보인다. 기반암의 절리와 균열을 통하여 침투하는 지하수에 의해 풍화작용이 이루어지는데는 절리면이 인접한 암석과 절리 및 균열이 교차하는 곳에 수분이 선택적으로 쉽게 침투함으로써 화학적 풍화가 집중되어 단단한 절리암괴는 둥글게 되어 핵석이 형성된다(그림 4와 6). 이들은 세프롤라이트로 둘러싸여 풍화층에서 떠있는 (floating) 물체처럼 나타난다. 세프롤라이트층이 제거되면 핵석들은 내려앉거나 계곡사면으로 이동하여 암괴류(boulder stream)화 한다(유근배·박경 1986, 전영권 1993). 기후적인 측면외에 암질의 구조, 화강암의 절리구조 등 요소들도 상당한 영향을 추가했을 것이라고 사료된다.

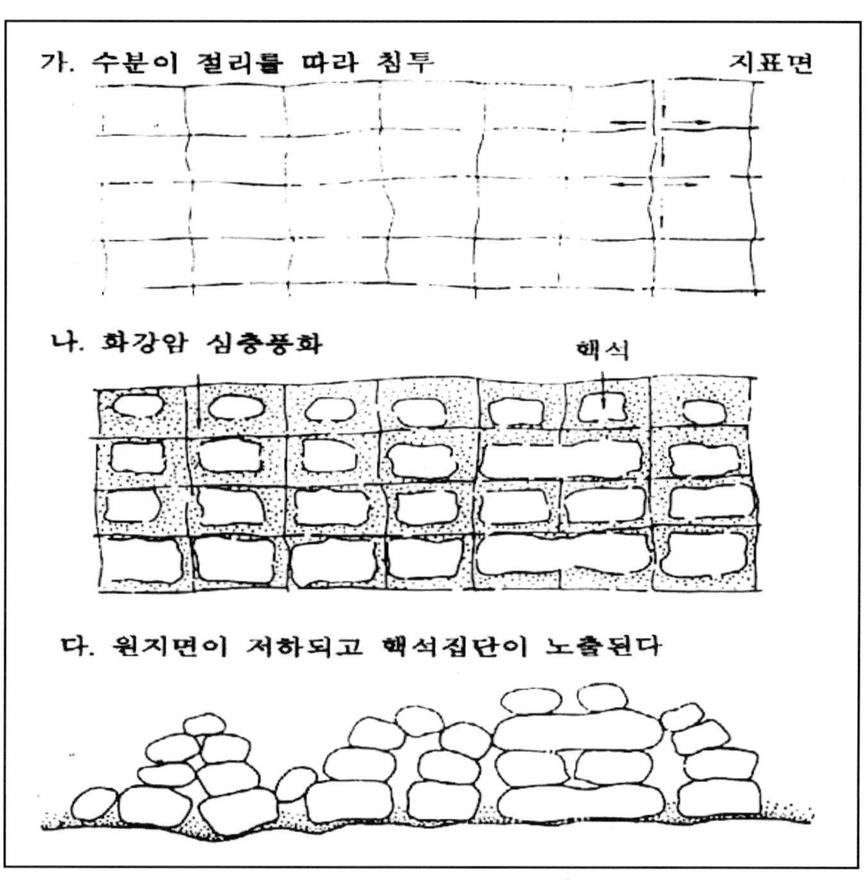

그림 6. 핵석발달의 2단계과정(Twidale, 1971)
심층풍화 현상은 절리가 많은 부분에서 촉진한다.
새프를라이트가 제거되면 거력(boulder)의 핵석들이 지표에 출현한다.(필자 재구성)

화강암이 1m 풍화되는데 소요되는 기간은 약 10만년 정도라고 본다면 우리나라에서 현존하는 10-20m두께의 화강암 풍화층은 제 4기의 대간빙기인 Mindel-Riss 또는 제 3기말로 소급해서 형성된 것이라고 간주하는데 무리가 없을 것이다(오경섭 1989). 심층풍화의 성격은 점토광물 중심의 화학적 풍화가 우세한 현상으로 kaolinite중심의 이차 광물이 압도적인데 비해 한국(남한)의 경우는 석영, 장석, 운모 등 일차 광물이 점토크기 까지 진전되어 kaolinite와 흔재해 있음이 특징인 것이다. 이러한 두가지 유형의 환경과 관련된 풍화층은 다성인적 과정(polygenetic processes)을 거쳐 형성되었음을 의미하고 있다(오경섭 1989). 즉 하나는 화학적 풍화인 고온습윤 환경이고 또 하나는 기계적 풍화인 한랭습윤 환경 즉 주빙하 환경(periglacial environment)으로 간주하는 것이다(권순식 1987). 이러한 풍화층의 형성에는 일률적으로 설명이 어렵다. 기후변동과 지형형성에 따르는 새로운 환경에서 재조정되고 광물의 물리 화학적 작용이 끊임없이 추가되기 때문에 풍화산물의 구체적인 분석이 요구된다.

참고문헌

권순식, 1987, 한반도 화강암풍화층에 발달된 제 4기 후반의 주빙하 결빙구조에 관한 연구, 지리학논총, 별호 4.

권순식 · 오연교1993, 충북일대 핵석풍화층의 화학적 특성, 청주대학교 산업과학연구제 11권, pp.353 - 363.

기근도, 1991, 월출산의 화강암지형에 관한 연구, 서울대학교 석사학위논문.

오경섭, 1989, 화강암풍화층의 점토조성과 풍화환경, 지리학 제 40호, pp.31 - 42.

유근배 · 박경, 1986, 월출산의 자연지리, 한국자연보존협회, 조사보고서 제 27호, pp.37 - 46.

전영권, 1993, 태백산맥 남부산지의 암설사면 지형, 지리학 제28권, 77 - 96.

Browne, W. R., 1964, Grey billy and the age of tor topography in Monaro, N.S.W. Proc. Lim., Soc. N.S.W., 89, OO.322 - 25.

Demek, J., 1964, Slope development in granite areas of Bohemian Massif(Czecho - slovakia), Zeit. Geomorph., Suppl. - Band. 5, pp.82 - 106.

Fitzpatrick, E. A., 1963, Deeply weathered rock in Scotland, its occurrence, age and contribution to soils, J. soil sci., 14, pp.33 - 43.

Linton, D. L., 1955, The problem of tors, Geog. J., 121.

Mabbutt, J. A., 1952, A study of granite relief from Souuth West Africa. Geol. Mag., 89.

__________, 1961, 'Basal surface' or weathering front, Proc. Geol. Assn. Lond., 72, pp.357 - 8.

Monkhouse, F. J. and J. Small, 1978, *A Dictionary of the Natural Environmrnt.*

Nesbitt, H. W., 1979, Mobility and fraction of rare earth elements during weathering of a granodiorite, Nature, 279.

Ollier, C. D., 1960, The inselbergs of Uganda, Zeit. Geomorph., 4, pp.43 - 52.

__________, 1965, Some features of granite weathering in Australia, Zeit, Geomorph., 9, pp.285 - 304.

__________, 1967, Spheroidal weathering, exfoliation and constant volume alteration, Zeit. Geomorph., 11, pp.103 - 108.

Ruxton, B. P., and Berry, L., 1957, The weathering of granite and associated erosional features in Hong Kong. Bull. Geol. Soc. Annet., 68, pp1263 – 92.

Thomas, M. F., 1965, Some aspects of the geomorphology of domes and tors in Nigeria, Zeit. Geomorph., 9, pp.63 – 81.

Twidale, C. R., 1971, *Structural Landforms*, Aust, Natl. Univ. Press

Abstract

Morphological Characteristics of Weathering Profiles

Soon Shik Kwon[*]

This paper aims to clarify the chacteristics the weathering profiles especially granites areas. The depth of the weathering profile or regolith is varied in cold climates and arid environments, bare rock maybe at the ground surface or concealed by only a few millimetres of weathering products. By contrast in some places the weathering profile is over 100m thick. Such great depths of weathering peofile are, however, rare and 20~50m is probably a common maximum depth of weathering on undulating surfaces in the humid tropics. The rate of production of weathered material(saprolite) from rock is variable and depends upon rock type, climate, and vegetation. The weathering profile on granitic rocks display a series of zone. There are 5~6 zones of study areas of weathering zone. The zone V, a residual debris of structureless sand and clay may attain a thickness of several meters. The zone IV is a pallid silty sand with quartz such as first mineral in a matrix of chemically altered feldapar and kaolinite. In zone Ⅲ the rounded boulders, known as core – stones and less rounded with depth. Zone Ⅱ is limited weathering along the joints of bedrock. The depth at which weathering is no longer detectable is commonly known as the weathering front.

The fact of deeper than 20m and several weathering zone of korea the

Chongju Geographical Journal, Vol. 11(1996) pp. 1 – 11.
* Professor & Chair, Department of Geography Education, Choengju University, Choengju, Korea

weathering profiles of granite show that Korean peninsula had warm and humid environments of the past. In South Korea, granite bed rock are so deeply weathered that the disteibution of thick granite regoliths (20m and more in thickness) is wide spread. This pattem of millieux may be related to the paleo — climate in Quaternary ages which were more warm and more humid than present circumstances. Presense of clay, silt and quartz sand indicates that the granitc in Korean peninsula have been formed through polygenetic processes.

key words: deep weathering, weathering profile, core stones, granite

권순식(權純植) ──

• 약력 •

서울대학교 지리학과 졸업(학사, 석사, 박사)
청주대학교 사범대학 지리교육과 교수(자연지리학 전공)
청주대학교 교육연구소장, 사범대학장 역임

• 저서 •

『사면이동의 지형학』
『자연환경론』
『환경지리학(공저)』
『인간과 환경(공저)』

• 논문 •

「부산시 범어사 주변의 Black Field에 관하여」
「한반도 화강암 풍화층에 발달된 제4기 후반의 주빙하 결빙구조에 관한 연구」
외 다수

풍화작용과 지형
Weathering and Landforms

초판인쇄 | 2009년 2월 20일
초판발행 | 2009년 2월 20일

지은이 | 권순식
펴낸이 | 채종준
펴낸곳 | 한국학술정보㈜
주 소 | 경기도 파주시 교하읍 문발리 513-5 파주출판문화정보산업단지
전 화 | 031) 908-3181(대표)
팩 스 | 031) 908-3189
홈페이지 | http://www.kstudy.com
E-mail | 출판사업부 publish@kstudy.com

등 록 |
가 격 | 25,000원

ISBN 978-89-534-1324-5 93450 (Paper Book)
      978-89-534-1325-2 98450 (e-Book)